빅 퀘스천 과학사

과학의 기원부터 우주 개발까지

빅 퀘스천 과학사

원정현 지음

날

일러두기

책명이나 잡지명은 《 》로, 단편 글·논문·영화 제목·작품명 등은 〈 〉로 표기했습니다.

책을 내며

과학사는 말 그대로 과학의 역사를 공부하는 학문입니다. 역사학자들이 선사시대부터 현재까지 이어지는 변화의 과정을 알아내는 것처럼, 과학사를 연구하는 학자들도 과학의 과거부터 현재까지를 역사적으로 이해하려고 노력합니다. 과학을 하나의 역사 현상으로 여기는 것이죠. 그래서 과학사에는 과학 지식뿐만 아니라 과학자들이 그 지식을 발견한 과정, 그 발견에 영향을 끼친 사회·정치·문화·종교적 배경 등 흥미진진한 이야기가 많이 담겨 있습니다.

과학사를 공부하면 어떤 점이 좋을까요.

일단, 당연한 말이지만, 과학 지식이 깊어집니다. 또, 과학이라는 학문을 제대로 알게 되지요. 다윈의 진화론을 예로 들면, 보통 과학 수업 시간에는 다윈의 진화론을 배운 다음, 이론을 적용해 문제를 풀어보는 데 관심을 둡니다. 과학사를 공부하는 사람들은 다윈 이전의 사람들이 진화에 대해 가졌던 생각, 다윈이 진화론을 생각해 낸 과정, 다윈이 살던 당시의 사회적 배경, 다윈 이후 진화론에 대한 생각의 변화 등을 알고 싶어 하지요. 이 궁금증을 해소해 가면서 깨닫습니다. '과학 지식도 시간에 따라 변하는구나', '과학 활동도 사회 속에서 이루어지는 사회적 활동이구나', '과학 지식이 반드시 객관적이지만은 않구나' 등등을요. 그러면서 과학이 무엇인지 더 가까이에서 보게 됩니다.

과학사를 공부하면 생각하는 힘도 기를 수 있습니다. 한국사를 공부하다 보면 현재의 우리를 더 잘 이해하고 역사에 대한 비판적인 시각도 갖게 되듯이, 과학사를 공부하면 각 시대 사람들의 생각을 알 뿐 아니라 과학의 흐름을 비판적으로 바라보는 눈도 기를 수 있습니다. 이런 시각은 주변 문제를 해결하는 데까지 뻗어 나갈 수 있고요.

과학과 문명은 발맞추어 나아갔습니다. 이 책에선 인류 문명에 큰 전환점을 마련한 과학사적 질문 21개를 엄선했습니다. 질문은 대체로 시대 순으로 뽑았습니다. 질답 형식을 취하면, 군것에 휘둘리지 않고 핵심 줄기만 잡고 나아갈

빅 퀘스천 과학사

수 있습니다. 알고 싶은 것들을 더 분명히 알고, 맥락을 짚어
가면서 과학사를 이해할 수 있지요. 이 책을 통해 일상 곳곳
에 숨겨져 있는 과학에 대해 더 알고 관심을 갖게 되길 빕니
다. 그것은 새로운 질문을 만드는 일로 이어질 것입니다.

차례

3장 실험하는 근대

4장 미립자에서 우주까지

1장

과학의 기원

과학은
언제 시작되었을까

여러분은 과학을 좋아하나요? 과학을 좋아하는 사람보다 싫어하는 사람이 더 많을지도 모르겠네요. 과학을 싫어하는 사람들은 '도대체 과학을 누가 만들어 낸 거야?'라고 불만을 품어 본 적이 있을 거예요. 하지만 과학을 좋아하든 싫어하든, 누구나 학교에서 과학 지식을 배웁니다.

　그렇다면 우리가 학교에서 배우는 과학이라는 학문은 언제 처음 시작되었을까요? 우리가 과학이라고 부르는 활동을 처음 시작한 사람은 어디에 살던 누구일까요? 여러분이 아는 과학자 중 가장 오래전에 살았던 사람은 누구인가요?

자연철학자의
등장

과학의 역사를 연구하는 많은 학자는 과학이 고대 그리스
에서 처음 시작되었다고 생각합니다. 고대 그리스는 그리스
의 역사 중 기원전 1100년경부터 기원전 146년까지의 기간
을 말해요. 기원전 146년에 로마가 그리스를 정복하면서 고
대 그리스가 끝났죠. 이 시기에 우리 한반도의 북쪽에는 고
조선이 자리 잡고 있었고, 한반도 남쪽에는 진국이 자리하
고 있었어요. 우리 역사에서는 고조선에 해당하던 때에 고
대 그리스에서는 과학 활동을 하는 사람들이 처음 등장했던
것이죠.

그런데 과학이라는 말은 18세기에 들어서야 처음 등장
합니다. 과학이라는 말이 등장하기 이전까지 과학은 자연철
학, 과학 활동을 한 사람들은 자연철학자라고 불렸어요.

고대 그리스 지도를 살펴볼까요? 지도를 보면 이오니아
지방이라고 표시된 곳이 보일 거예요. 지금의 튀르키예에
해당하지요. 바로 이 이오니아 지방의 도시였던 밀레투스에
서 과학 활동을 한 사람들이 기원전 6세기 무렵에 처음 등
장했습니다.

그런데 사실 밀레투스에서 자연철학자가 처음 등장하기

자연철학이 처음 시작된 이오니아 지방의 밀레투스

훨씬 이전부터 사람들은 자연현상을 기록하거나 자연을 이용하는 데 관심을 가졌어요. 예를 들면, 기원전 3000~4000년 고대 이집트에서는 나일강 유역을 중심으로 측량 기술이 발달했고, 천문 관측도 활발하게 이루어졌어요. 또 기하학이 발달했으며, 60진법을 발명하는 등 과학 활동이 다양하게 이루어지고 있었지요. 전문적인 의학 지식과 의료 체계가 발달하기도 했고요.

이는 고대 메소포타미아에서도 마찬가지였어요. 나아가 고대 메소포타미아의 수메르인들은 문자 체계를 발전시켰으며, 바빌로니아인들은 방정식이나 곱셈표, 제곱표 등을 만들어 사용했답니다.

과학이란
무엇일까

고대 이집트와 메소포타미아 지역에서 오늘날의 과학과 유사한 활동을 했음에도 불구하고, 훨씬 뒤에 등장한 밀레투스의 자연철학자를 최초의 자연철학자라고 말하는 이유는 무엇일까요? 두 지역 사람들 사이에는 어떤 차이점이 있었을까요? 그 차이점을 찾기 위해서는 과학의 정의를 살펴볼 필요가 있습니다. 과학이라는 학문을 어떻게 정의하느냐에 따라 과학의 시작점이 상당히 달라질 수 있기 때문입니다.

과학이란 어떤 학문일까요? 먼저 과학이라는 학문을 넓게 해석해 볼 필요가 있습니다. 과학을 아주 넓게 해석하면 인간이 자연환경을 이용하는 모든 행위를 과학이라고 정의할 수 있어요. 기술을 포함하는 넓은 의미의 개념이 되는 것이죠. 이렇게 본다면, 과학은 고대 이집트나 메소포타미아에서 처음 시작되었다고 할 수 있을 거예요. 아니면 인간이 불을 이용하고 도구를 사용하기 시작한 때로 더 거슬러 올라갈 수도 있겠죠.

하지만 과학의 역사를 연구하는 많은 과학사학자는 과학과 기술을 분리해서 생각하고 싶어 합니다. 이들은 과학이란 순수하게 자연에 관한 지식을 만드는 행위라고 봅니다.

자연에 대한 합리적인 지식을 알아내는 활동만을 과학이라고 정의하고, 기술은 실제적인 문제를 해결하는 활동이라고 구분해서 정의하는 것이죠. 이들이 보기에 고대 이집트나 메소포타미아 지역의 사람들은 지식 자체를 알아내는 것보다는 지식을 유용하게 이용하는 것을 더 중요시하는 듯했어요. 이 지역에서 수학이 발전한 이유는 순수하게 수학적 지식을 찾아내기 위해서가 아니라 회계, 측량, 건축의 문제를 해결하기 위해서이며, 천문학이 발달한 이유도 농업이나 종교의식, 또는 점성술을 위해서라고 생각한 것이죠.

따라서 과학과 기술을 분리하는 관점에서 과학에 접근한다면, 과학의 시작점은 자연에 대한 순수한 지식 체계가 처음 등장하는 때일 거예요. 과학사학자들은 이러한 지식 체계가 언제 처음 등장했는지를 연구했고, 고대 밀레투스에서 시작되었다는 기록을 발견했습니다. 기록에 따르면 최초로 과학 활동을 했던 사람들은 탈레스Thales, 기원전 626-545, 아낙시만드로스Anaximander, 기원전 610-546, 아낙시메네스Anaximenes, 기원전 585-525 등이었어요. 보통 이들을 밀레투스 학파라고 부릅니다.

세상의 근본 물질은
무엇일까

밀레투스학파는 자연현상을 고대 이집트나 메소포타미아, 밀레투스학파 이전 고대 그리스의 사람들과도 다르게 설명했어요. 고대 이집트나 메소포타미아에서는 우주 창조를 포함한 자연현상을 모두 신이 일으켰다고 설명했어요. 밀레투스학파 이전의 고대 그리스에서도 자연현상이 모두 신의 뜻에 따라 나타난다고 생각했지요. 그리스·로마 신화에 등장하는 신들을 생각해 보세요. 그리스인들은 번개나 천둥이 치면 제우스가 분노했다고 생각했습니다. 바다에 이는 폭풍은 포세이돈의 노여움 때문이라고 믿었어요. 병을 치료하는 일은 의사가 아니라 치료의 신 아스클레피오스의 역할이라고 믿기도 했지요. 이들에게 번개나 천둥, 전염병 같은 자연현상은 인간의 힘으로 해결할 수 없는 공포의 대상이었어요.

반면 밀레투스의 자연철학자들은 자연현상을 설명할 때 신을 배제하려고 노력했어요. 자연현상을 곰곰이 관찰한 밀레투스학파는 자연현상의 원인이 신이 아니라 자연 그 자체라고 생각하기 시작했지요. 예를 들어 밀레투스학파 최초의 자연철학자인 탈레스는 지진을 유심히 관찰한 후, 물에 떠 있는 원반 모양의 땅이 물의 움직임에 따라 요동치기 때문에 지진이 발생한다고 설명했어요. 또, 아낙시만드로스는 번개가 제우스의 노여움 때문에 생기는 것이 아니라 바람이 떨어지면서 구름을 비집고 터져 나오면서 생긴다고 생각했고요. 아낙시만드로스에게 태양은 태양신 아폴론이 모는 황금빛 태양 마차가 아니라 지구를 둘러싼 불의 고리에 뚫려 있는 구멍이었지요. 신의 간섭을 받아들이는 대신 자연현상 속에 숨은 보편적 원리를 이해하고자 했던 밀레투스학파의 시도는 이전에 비해 훨씬 더 합리적으로 보입니다.

여기에서 그치지 않고 밀레투스학파의 자연철학자들은 순수하게 자연에 관한 지식을 만들어 내려고 노력했어요. 이들이 고민했던 것은 세계를 구성하는 근본 물질이 무엇인지, 물질의 변화는 어떻게 하여 일어나는지 등과 같은 문제였어요. 오늘날의 용어로 바꿔 말하면 근본 물질은 '원소'라고 할 수 있고, 물질의 변화는 '화학 변화'라고 할 수 있을 거예요.

그럼 밀레투스학파에서 근본 물질과 물질 변화에 관해 어떤 논의를 했는지 살펴볼까요? 근본 물질은 없어지거나 새로 생성되지 않아야 하겠죠. 또 근본 물질은 모든 물질의 구성 성분이 되어야 하고, 이 근본 물질로부터 모든 물질이 생성되어야 하며, 소멸한 물질들은 다시 근본 물질로 돌아가야 할 것입니다.

물, 무한자, 공기

자연철학의 선구자 탈레스. 만물의 근본 물질을 물로 보았다.

밀레투스학파 중에서도 가장 선구자로 불리는 탈레스는 만물의 근본 물질이 물이라고 생각했습니다. 그 이유는 모든 것은 자양분으로 물을 가지고 있고, 물에서 생겨나며, 물이 있어야 살 수 있기 때문이었어요. 그는 나일강에 홍수가 난 후 물이 진흙으로 변하는 것을 보고 이러한 생각을 했다고 해요.

탈레스의 제자 아낙시만드로스는 만물의 근본 물질을 추상적으로 설명했어요. 눈에 보이지 않는 무한자apeiron라고 생각했으니까요. 무한자 자체는 새로 생기지도, 없어지지도 않지만, 무한자로부터 뜨거운 것과 차가운 것, 메마른 것과 축축한 것이 생겨난다고 생각했습니다.

아낙시만드로스의 생각은 자연현상을 추상적으로 설명했다는 점에서 상당히 선구적이었지만, 그의 제자이자 친구였던 아낙시메네스는 그러한 생각을 받아들이기 어려웠어요. 아낙시메네스는 만물의 근본 물질이 공기라고 생각했지요. 만물의 생성과 소멸을 공기가 농축되었다가 희박해지는 과정으로 설명했어요. 공기가 희박해지면 불이 되지만, 반대로 공기가 촘촘해지면 바람이 되고, 더 촘촘해지면 구름, 더욱더 촘촘해지는 과정을 거쳐 물, 흙, 돌이 된다고 생각했어요. 농축과 희박이 반복된다는 것은 물질 변화가 끊임없이 일어나고 있다는 의미이지요.

근본 물질과 물질 변화에 관한 밀레투스학파의 생각은 과학의 역사에서 어떤 의미를 지닐까요? 만물의 근본 물질을 물, 무한자, 공기로 보았던 밀레투스학파의 원소 이론을 보통 1원소설이라고 합니다. 오늘날 우리가 알고 있는 원소의 종류가 118가지라는 사실을 생각해 보면, 이것은 어처구니없을 만큼 단순한 생각이었어요.

하지만 중요한 점은 초기 자연철학자들이 이전 세대와는 달리 다양한 자연현상의 원리를 신의 개입 없이 설명하고자 했고, 자연의 근본 물질과 물질 변화에 대해 합리적 설명을 하려고 시도했다는 점이에요.

밀레투스학파에 속하는 세 사람은 스승과 제자의 관계였지만, 서로의 생각을 비교하고 반박하면서 나름대로 독특한 물질 이론을 발전시키고 있었던 것이죠. 자연에 대한 순수한 지식을 찾기 위한 역사, 즉 과학의 역사는 이렇게 시작되었습니다.

고대인들은 왜
지구가 우주의 중심이라고
생각했을까

앞에서 보았듯이 기원전 5세기까지 고대 그리스 자연철학의 중심지는 이오니아 지방이었어요. 하지만 기원전 492년부터 기원전 479년까지 페르시아 제국과 그리스 도시 연합 사이에 벌어졌던 페르시아전쟁 이후, 자연철학의 중심지는 아테네로 옮겨졌습니다. 페르시아와의 전쟁을 주도한 아테네가 그리스의 중심 도시국가로 떠올랐고, 자연스럽게 학문의 중심도 아테네로 옮겨진 것이죠. 이 시기에 그 유명한 소크라테스, 플라톤, 아리스토텔레스 등이 등장했습니다. 플라톤은 소크라테스의 제자였고, 아리스토텔레스는 플라톤의 제자였지요.

우주의 중심이
지구?

플라톤Plato, 기원전 427-347과 아리스토텔레스Aristotle, 기원전 384-322를 고대 그리스 자연철학의 양대 산맥이라고 합니다. 두 사람은 우주와 만물의 근본 물질에 대해 어떻게 생각했을까요?

먼저, 플라톤은 우주의 근본 물질을 이해하는 데 기하학*이 대단히 중요하다고 생각했어요. 기하학적 질서가 지배하는 세계만이 조화롭고 완전하며 영원불변한다고 생각했기 때문입니다. 우주 자체가 기하학적 원리에 의해 창조되었고, 천체들의 운동도 기하학적으로 완벽한 등속 원운동(일정한 속력을 유지하는 원운동을 말한다)일 것이라고 설명했어요.

당시에 플라톤과 아리스토텔레스는 우주의 근본 물질이 네 가지라고 생각했어요. 물, 불, 흙, 그리고 공기였죠. 플라톤은 이 4원소가 모두 정다면체 모양이라고 믿었어요. 플라톤의 우주는 근본 물질들이 모두 기하학적 도형으로 만들어

기하학 ───────────────────

점, 직선, 곡선, 면, 부피 등 공간의 성질을 연구하는 수학 분야다. 고대 이집트의 나일강은 매년 범람해 토지들의 경계가 지워지곤 했다. 토지들의 경계를 복구하기 위해 생긴 것이 기하학이다.

고대 그리스 철학의 양대 산맥, 플라톤과 아리스토텔레스. 라파엘로의 〈아테네 학당〉 부분화

진 세계였던 것이죠.

플라톤이 아끼던 제자이자 알렉산더 대왕의 스승이기도 했던 아리스토텔레스는 자신의 스승과 달리 우주의 근본 물질에 대해 조금 더 감각적, 경험적으로 접근했어요.

플라톤과 달리 아리스토텔레스는 근본 물질이 따뜻함(온), 차가움(냉), 건조함(건), 습함(습) 4가지 성질의 합이라고 생각했어요. 4원소 중 물은 차가운 성질과 습한 성질이 합쳐져 만들어지고, 불은 따뜻한 성질과 건조한 성질이 합쳐져 만들어지며, 공기는 따뜻함과 건조함, 흙은 차가움과 건조함의 조합이라고 보았지요. 이런 아리스토텔레스의 생각은 일상생활에서 직접 경험할 수 있는 성질들로 표현되었기 때문에 일반 대중이 받아들이기가 훨씬 쉬웠어요.

아리스토텔레스의 '지구 중심설'

아리스토텔레스의 자연철학에서 빼놓을 수 없는 것은 그의 우주 이론입니다. 이후 약 2000년 동안 과학계에 큰 영향을 미쳤으니까요. 오늘날과 비교했을 때 가장 큰 특징은 지구가 우주의 중심에 자리 잡고 있다는 점이에요. 지구는 우주

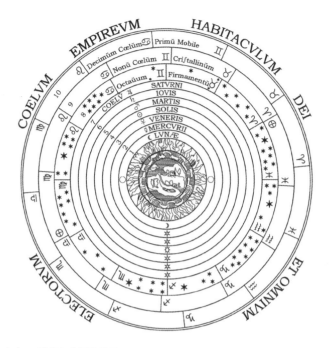

아리스토텔레스의 우주 구조.
지구는 우주의 중심에 정지해 있으며, 태양과 달, 행성들은 지구를 중심으로 공전
한다. 가장 바깥쪽 항성 천구는 하루에 한 바퀴씩 회전을 한다. 아리스토텔레스는
달을 기준으로 달 아래쪽 세계를 지상계, 달 위 세계를 천상계로 구분했다.

의 중심에서 가만히 있고, 태양, 달, 행성 같은 다른 천체들
이 지구를 돈다고 생각한 것이죠. 구체적으로 보면 지구를
중심으로 달, 수성, 금성, 태양, 화성, 목성, 토성을 순서대로
배치하고 마지막에 항성(별)들을 두었습니다. 이러한 우주
구조를 '지구 중심설', '지구 중심 우주 체계' 또는 '아리스토
텔레스 우주 체계'라고 합니다.

아리스토텔레스의 우주 이론을 다른 말로 '천동설'이라고도 합니다. 그 이유는 무엇일까요? 오늘날 우리는 누구나 중력이라는 힘의 존재를 알고 있어요. 하지만 중력이라는 개념은 아리스토텔레스가 살던 시대로부터 약 2000년이 지나서야 처음 등장합니다. 중력의 개념이 없던 고대인들에게는 수성이나 금성, 화성과 같은 천체들이 아무런 지지대도 없이 하늘에 떠 있다는 것이 불가능해 보였어요. 그래서 고대 그리스인들은 천구天球라는 것을 생각해 냈어요. 천체를 운반하는 투명한 구가 있다고 생각한 것이죠

아리스토텔레스에 의하면 수성, 금성, 화성 같은 행성들은 각각의 천구에 박혀서 지구를 중심으로 회전 운동을 하고 있어요. 반면 항성(별)들은 모두 항성 천구라고 부르는 가장 바깥쪽 천구에 박혀 있지요. 항성 천구가 하나라는 생각은 그리 이상한 것이 아니었어요. 오늘날 우리는 지구에서 별들까지의 거리가 서로 얼마나 다른지 잘 알고 있지만, 육안으로만 밤하늘을 관찰해야 했던 고대인들에게는 모든 별이 하나의 평면에 박혀 있는 것처럼 보였으니까요. 그러니까 아리스토텔레스는 각 행성과 항성들이 자신의 천구에 박힌 채 지구를 중심으로 공전한다고 본 것입니다. 천체들의 운동은 천체 자신의 운동이 아니라 천구의 운동인 셈입니다. 그래서 지구 중심 우주 체계를 천구의 운동, 즉, 천동설

　　　　　　　　　　　　　　　　　빅 퀘스천 과학사

이라고 부르게 된 것입니다.

아리스토텔레스는 달의 천구를 기준으로 삼아 우주를 천상계와 지상계로 다시 나누었습니다. 천상계는 달 위의 세계, 지상계는 달 아래의 세계로 구분한 것이죠. 아리스토텔레스는 천상계와 지상계가 모든 면에서 뚜렷하게 구분되는 완전히 다른 세계라고 생각했어요. 먼저 천상계와 지상계는 구성 물질 자체가 다릅니다. 지상계는 물, 불, 흙, 공기의 4원소로 이루어져 있지만, 천상계는 에테르라는 하나의 물질로만 이루어져 있다는 것이 아리스토텔레스의 생각이었습니다. 따라서 천상계는 변화가 있을 수 없는 완전무결한 세계입니다. 반면 지상계는 변화, 생성, 소멸이 있는 불완전한 세계죠.

흙이 땅으로
떨어지는 이유

아리스토텔레스의 우주 이론은 세계의 근본 물질에 관한 그의 생각과 밀접하게 연결되어 있었습니다. 그는 지상계를 구성하는 4원소마다 본연의 위치가 아예 정해져 있다고 생각했어요.

흙은 언제나 무거우므로 지상계의 가장 아래쪽에 위치합니다. 흙은 지구의 중심에서 가장 가까운 곳에 있는 것이죠. 반면 불은 언제나 가장 가벼워서, 지상계의 맨 위에 놓입니다. 달 바로 아래쪽이 불의 본연의 장소가 되는 것이죠. 흙·불과 달리 물과 공기의 위치는 상대적으로 정해졌어요. 만약 물과 흙이 같이 있다면 물은 흙의 위쪽에, 공기와 물이 같이 있다면 공기가 더 위쪽에 위치하는 것이죠.

각 원소의 위치가 정해져 있다는 생각은 운동에 관한 생각과도 자연스럽게 연결되었어요. 아리스토텔레스는 어떤 원소가 자기 본연의 위치를 찾아가는 운동을 자연스러운 운동이라고 설명했어요. 예를 들어 지상계에서 우리가 흙을 높이 들었다가 놓으면 흙은 지구의 중심을 향해 낙하하겠죠. 아리스토텔레스는 흙 본연의 위치가 지구의 중심 쪽이라고 생각했기 때문이에요. 반면 어떤 물체를 태우면 불은 항상 위로 올라가는 것처럼 보입니다. 아리스토텔레스는 불이 위로 올라가는 것이 자기 본연의 위치를 찾아가는 자연스러운 운동이라고 생각했던 것이죠.

그런데 아리스토텔레스는 지상에서의 운동과 천상에서의 운동은 성격이 아예 다르다고 생각했어요. 각 물체가 본연의 무게에 따라 위로 올라가거나 아래로 낙하하는 운동이 지상계에서의 자연스러운 운동이라고 했죠? 이와 달리 천

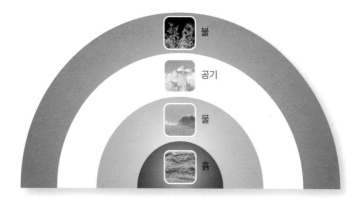

불

공기

물

흙

아리스토텔레스가 상상한 지상계 구조

상계에서의 자연스러운 운동은 완벽한 등속 원운동이라고 생각했어요. 오늘날의 지식에 의하면 원운동은 사실 끊임없이 외부의 힘이 작용하는 운동이지만, 아리스토텔레스는 그렇게 생각하지 않았던 것이죠. 천상계에서는 자연스러운 등속 원운동만이 일어난다는 생각은 이후 오랫동안 천문학자들이 따라야 할 제1원칙이 되었어요.

지상계와 천상계가 서로 다른 원리에 따라 운동한다는 아리스토텔레스의 생각이 오랫동안 받아들여진 이유는 무엇일까요? 자연스러운 운동에 대한 아리스토텔레스의 설명이 사람들의 일상적인 경험을 아주 잘 반영하고 있었기 때문입니다. 실제로 일상생활에서 무거운 물체는 아래로 떨어지고 가벼운 물체는 위로 떠오르죠? 또 하늘을 올려다보면 천체의 운동은 자연스러운 등속 원운동을 하는 것처럼 보입니다. 지상계와 천상계의 운동에 관한 아리스토텔레스의 설명은 실제 관찰 결과와 아주 잘 맞아떨어졌어요. 이 때문에 2000여 년 동안 아리스토텔레스의 주장이 받아들여진 것입니다.

지구가
움직이다니!

아리스토텔레스를 필두로 고대 그리스인들이 지구가 우주의 중심에 있다고 생각한 첫 번째 이유는 별들의 일주운동이었습니다. 밤하늘의 별들을 올려다보면, 별들이 매일 동쪽에서 떠서 서쪽으로 지는 현상을 관찰할 수 있는데요, 모든 별이 지구 자전축을 중심으로 동심원을 그리며 운동하는 이러한 현상을 별의 일주운동이라고 합니다. 사실 지구 자전으로 인해 나타나는 겉보기 현상이지만, 고대인들은 별들이 하루에 한 번씩 지구를 중심으로 회전해서 일주운동이 나타난다고 생각했어요. 실제로 지금도 밤하늘을 올려다보면 별들이 지구 주변을 도는 듯한 모습을 볼 수 있어요.

두 번째 이유는 지구의 움직임을 느낄 수 없었기 때문입니다. 고대인들의 경험에 의하면 지구는 움직일 수가 없었던 것이죠.

만약 지구가 자전한다면, 자전 속도는 얼마나 될까요? 실제로는 어마어마하게 빠릅니다. 시간당 약 1600킬로미터를 움직입니다. 얼마나 빠른지 감이 오나요? 만약 지구가 우주의 중심에 고정되어 있지 않고 태양 주위를 공전한다면 그 속도는 얼마나 될까요? 실제로는 초속 약 30킬로미터입니다. 이렇게 빠르게 태양 주변을 공전하고 있는 것이죠.

그런데 사실 태양도 한자리에 고정되어 있지 않습니다. 태양은 초속 200킬로미터의 빠르기로 우리 은하계의 중심을 따라 공전합니다. 그렇다면 우리 은하는 또 어떨까요? 우주는 처음 탄생한 이래 팽창을 계속하고 있으니 우리 은하도 계속 움직이고 있어요. 초속 600킬로미터의 속력으로 말이죠.

고대인들은 지구가 빠른 속도로 자전하거나 공전하면, 분명 지구 위에 사는 사람들이 그 속력을 느끼거나 아니면 원심력에 의해 지구 밖으로 튕겨 나갈 것으로 생각했어요. 17세기에 갈릴레오가 '관성' 개념을 이용해 지구의 움직임을 느낄 수 없는 이유에 대해 설명하기 전까지는 말이죠.

고대인들의
합리적 추론

물론 그렇다고 해서 고대 그리스인들이 관측을 통해서만 지구 중심 우주 체계를 주장했던 것은 아니었어요. 관찰에 기반한 합리적인 추론도 그렇게 생각하는 데 큰 역할을 했습니다. 사실 아리스토텔레스를 비롯한 고대 그리스인들은 지구가 둥근 모양이라는 사실을 이미 알고 있었어요. 배가 바다에서 항구로 들어올 때 배의 돛이 먼저 보인 다음 서서히 배의 전체 모습이 보이는 현상, 높은 곳에 올라가면 더 멀리까지 보이는 현상, 또는 월식 때 달에 비친 지구 그림자 모습 등이 그 증거였어요.

고대인들은 이러한 증거를 이용해 추론을 시작했어요. 내가 둥근 지구 위에 서 있다면, 내 발은 지구 중심 쪽을 향해 있겠죠. 만약 둥근 지구의 반대편에 어떤 사람이 서 있다면 그 사람의 발도 지구 중심 쪽을 향해 있을 거예요. 고대 그리스인들은 어디에 있는 사람이든 발끝이 지구 중심을 향해 있고, 또 지구 위 어디에서나 무거운 물체는 지구 중심을 향해 떨어진다는 사실이야말로 지구가 우주의 중심에 있음을 의미하는 또 다른 증거라고 추론했던 것이죠.

고대 그리스인들이 생각했던 우주의 크기는 오늘날 우리

가 알고 있는 태양계의 크기보다 작았어요. 맨눈으로 우주를 관찰했기 때문에, 관측에 한계가 있을 수밖에 없었거든요. 하지만 고대의 천문학자들은 매일같이 하늘을 관찰했고, 관찰 결과를 이용해 천체 움직임의 규칙성을 찾아내려고 노력했어요. 그들이 연구하고 노력한 결과가 바로 지구 중심 우주 체계였고요. 물론 오늘날 우주의 중심이 지구라고 믿는 사람은 아무도 없어요. 하지만 우리가 고대 그리스로 날아가 그들의 관점에서 우주를 살펴볼 수 있다면, 지구 중심 우주 체계야말로 다양한 경험과 합리적인 추론의 산물이었음을 알 수 있을 것입니다. 지구 중심 우주 체계를 통해 고대인들은 천체의 움직임을 예측할 수 있었고, 우주의 다양한 현상을 잘 설명할 수 있었어요. 이처럼 우리가 고대 그리스인들의 관점에서 그들의 과학을 바라본다면, 그들이 과학 지식을 만들어 낸 과정과 그 속에 숨어 있는 장점들을 발견하는 기쁨을 누릴 수 있을 거예요.

중세는 정말
과학의 암흑기였을까

중세를 '과학의 암흑기'라고들 합니다. 널리 알려진 통념 중 하나이지요. 하지만 그것은 중세라는 긴 시대를 기독교 중심으로만 바라보면서 생긴 오해나 편견일지 모르겠습니다. 왜냐하면 중세 안에서도 중세 초기·중기·말기에 따라 학문의 양상이 달랐고, 기독교나 이슬람교·유대교 같은 다양한 종교가 과학 활동에 영향력을 끼치고 있었으며, 오늘날의 서유럽·동유럽·서아시아·북아프리카 등 다양한 지역이 중세 역사를 구성하고 있기 때문이에요. 중세를 과학의 암흑기라고 보는 사람들은 중세 초기 서유럽 지역의 과학만을 평가했다고 할 수 있어요. 중세 과학을 제대로 이해하려면 중세 각 시기, 종교, 그리고 지역적 발전 상황을 전체적으로 고려하려는 자세가 필요합니다.

중세는
과학의 암흑기?

먼저 중세란 언제부터 언제까지일까요? 고대 그리스 정복을 시작으로 지중해 주변 지역 대부분을 장악했던 로마제국은 이후 두 개의 로마로 분열됩니다. 서로마제국과 동로마제국으로 말이죠. 두 로마제국 중 먼저 멸망한 쪽은 서로마제국이었습니다. 유럽 서쪽을 차지했던 서로마제국은 476년에 게르만족에 의해 멸망했어요. 비잔티움 제국이라고 불리던 동로마제국은 콘스탄티노폴리스(현재의 튀르키예 이스탄불)를 수도로 두고 오랫동안 세력을 크게 확장했지만, 오스만제국의 침입을 견디지 못하고 1453년에 멸망합니다. 중세는 보통 서로마제국이 멸망한 476년부터 동로마제국이 멸망한 1453년까지의 약 1000년 동안을 의미합니다. 우리 역사로 치면, 삼국시대 중기부터 통일신라, 발해, 고려를 거쳐 조선 초기까지에 해당합니다.

물론 중세 과학에 관해 이야기할 때 기독교의 영향을 빼고 말하기는 어렵습니다. 1세기경부터 성장한 기독교는 380년에 마침내 로마제국의 국교가 되었거든요. 앞장에서 살펴보았듯이 고대 그리스인들은 자연에 관한 순수하고 합리적인 지식을 만들어 내는 일을 중시했습니다.

하지만 기독교가 국교로 된 이후 학자들의 학문 목표는 크게 달라졌어요. 자연에 관한 지식을 만드는 일보다 기독교 교리를 개발해 널리 퍼뜨리는 것이 더 중요해진 것입니다. 따라서 많은 기독교 교부학자는 고대 그리스의 자연철학을 일종의 이교도로 간주했어요. 예를 들어, 아리스토텔레스는 '육체가 죽으면 영혼도 사라진다'고 말했는데, 이러한 생각이 기독교 세계관과 정면으로 배치하는 것으로 보였기 때문이에요. 이런 이유로 교부학자들은 고대 그리스의 학문을 수용하기 어려워 거리를 둘 수밖에 없었어요.

476년에 서로마제국이 멸망하면서 서유럽 지역은 고대 그리스와 지역, 학문적으로 점점 더 단절되었어요. 서유럽은 보통 서로마제국 영토에 해당하는 지역으로, 라틴어를 공용어로 사용했지요. 중세 초기에는 그래도 수도원을 중심으로 고대 그리스 자연철학과 접할 기회가 있었어요. 수도사들이 고대의 저작을 필사해서 보관하곤 했거든요. 하지만 시간이 갈수록 연구는 축소되었어요. 종교적으로 필요할 때만 연구되었고, 특히 자연철학은 주변부로 밀려나 근근이 명맥을 이어 갔습니다. 중세를 과학의 암흑기라고 할 때는 이처럼 서유럽의 경우를 말한다고 보면 됩니다.

서유럽이 이랬다고 해서 중세 전체에 걸쳐 자연철학이 쇠퇴하면서 내리막길을 걸었다고 생각하면 큰 오해입니다.

중세는 서로마제국 멸망 직후부터 동로마제국 멸망까지 1000년 동안을 이른다.
그림은 술탄 무함마드 2세가 동로마제국을 멸망시킨 후 수도 콘스탄티노플에 입
성하는 장면. 〈콘스탄티노플에 입성하는 술탄 무함마드 2세Entry of Sultan Mehmed
II in Constantinople〉, 스타니스와프 츨레보브스키Stanisław Chlebowski 작품

서유럽에서 자연철학이 쇠퇴하는 동안, 동로마제국의 동쪽에서는 신흥 세력 이슬람이 영향력을 키우고 있었고, 바로 이들이 중세 중반까지 자연철학의 부흥을 이끌었기 때문입니다.

중세 과학을
발전시킨 이슬람

무함마드Muhammad, 570-632가 622년에 창시한 이슬람교는 약 10년 뒤에 아라비아반도 전체를 장악합니다. 계속 영토를 확장해 나가 750년경에 이르면 서아시아와 북아프리카, 중앙아시아, 지중해 연안, 그리고 스페인 남부 지역을 아우르는 대제국을 건설합니다.

이슬람인들은 대제국을 건설하는 과정에서 그리스, 페르시아, 인도, 중국 등 다양한 지역의 고대 학문을 접하게 되었어요. 이들은 자신들이 접한 다양한 고대 학문과 문화를 배척하지 않았습니다. 오히려 자신들의 문화 속으로 적극 흡수하고 통합해 나가고자 했어요. 특히 이슬람인들은 고대 그리스의 자연철학에 많은 관심을 기울였습니다.

8세기 말경부터 이슬람인들은 자신들이 수집한 여러 지

역의 고전들을 당시 이슬람 제국의 공식 언어였던 아랍어로 번역하기 시작했어요. 이슬람 왕조는 번역 사업을 대대적으로 지원해 주었고요. 이슬람인들은 제국의 수도 바그다드에 지혜의 집Bayt al-Hikma이라는 전문 번역 기관을 설립하고, 고대 고전을 체계적이며 계획적으로 번역해 나갔어요. 번역 사업은 3세기 이상 계속되었고, 그 결과 의학·자연철학·수학 등 대부분의 고대 그리스 고전들이 아랍어로 번역되었습니다. 인도, 중국, 페르시아의 서적들까지 번역했으니, 번역 사업은 고대의 지식을 집대성한 프로젝트였다고 해도 과언이 아니었지요.

중요한 것은 이슬람인들이 단순히 번역하는 데만 그치지 않았다는 점이에요. 번역하는 과정에서 주석이라는 것을 남겼어요. 예를 들어 아리스토텔레스의 책을 번역할 때 어려운 부분에는 해석을 곁들여 준 것이지요. 어떤 낱말이나 문장의 뜻을 쉽게 풀어 쓴 것을 주석이라고 합니다.

주석을 쓰다 보니 책을 독창적으로 해석하는 사람들도 등장합니다. 이븐 시나Ibn Sina, 980-1037나 이븐 루시드Ibn Rushd, 1126-1198 같은 이슬람 학자가 대표적이지요. 이를테면 이들은 원래 아리스토텔레스가 말하려던 내용을 명료하게 교정했고, 내용을 더욱 확장했으며, 심지어 응용하기까지 했어요.

이슬람인들은 번역한 책들로 공부했고, 자신들이 학습한 고대의 지식을 바탕으로 과학의 여러 분야에서 독창적인 발전을 이루기 시작했어요. 특히 의학, 광학, 천문학, 수학, 연금술 분야에서 괄목할 만한 성과를 거두었어요. 번역 사업이 시작된 때부터 이슬람 과학이 독창적인 발전을 이뤄 낸 13세기까지의 기간을 보통 이슬람 과학의 '황금시대Islamic Golden Age'라고 불러요.

천문학, 의학, 화학의 발전

가장 먼저 번역한 분야는 수학이었어요. 이슬람인들은 유클리드라는 이름으로 더 잘 알려진 에우클레이데스Eucledies, 기원전 300-265의 《기하학 원론》이나 아르키메데스의 《구와 원기둥에 관하여》 같은 고대 그리스 수학 고전들을 아랍어로 번역했어요. 고대 인도의 수학에서는 자릿수 개념과 영 (0) 개념 등을 수용했지요. 고대의 이러한 지적 유산을 학습하고 연구하면서 이슬람인들은 수학 체계를 새롭고 정교하게 발전시켜 나갔어요.

이슬람인들은 특히 산술arithmetic과 기하, 대수학, 조합수학, 삼각법 분야에서 많은 성과를 거두었어요. 대표적인 수학자로 알콰리즈미al-Khwarizmi, 780-850가 있습니다. 이름이 낯설지 않죠? 네, 맞습니다. 바로 알고리즘이라는 말이 알콰리즈미에서 나왔습니다. 알고리즘은 문제 해결을 위한 절차를 뜻하는데, 알콰리즈미의 라틴어 이름인 알고리스무스에서 유래했습니다. 지혜의 집에서 연구하던 알콰리즈미는 근대적인 방정식 해법을 확립해서 아주 오랫동안 가장 유명한 이슬람 수학자로 인정받았어요.

이슬람인들은 천문학 분야에서도 큰 성과를 거두었어요. 처음에는 종교나 점성술을 위해 천문학을 연구했다가 순수하게 학문으로 연구하기 시작합니다. 먼저 고대 페르시아와 인도, 바빌로니아 그리고 고대 그리스의 천문학적 유산들을 충분히 공부한 다음에, 이를 비판적으로 연구하는 방식으로 천문학을 발전시켜 나갔어요. 그뿐만 아니라 천문대를 여러 군데 지어 활발하게 관측을 했고, 이 자료들을 바탕으로 천문학을 발전시켰지요.

번역 작업 덕분에 크게 발전한 또 다른 분야는 의학입니다. 이슬람인들은 고대 그리스, 페르시아, 인도 등지의 고대 의학을 받아들여 더욱 심화하고 발전시켜 나갔어요. 그 때문에 이슬람 의학자들이 쓴 의학책은 1000여 년 동안 의학계에서 권위를 유지했습니다.

이슬람 의학의 또 다른 특징은 병원 의학이 발달했다는

이슬람 제국 때 만들어진 혼천의(왼쪽)와 아스트롤라베. 아스트롤라베는 별의 위치나 시각, 경도, 위도 등을 관측하기 위한 도구이다. 이슬람인들은 고대 그리스로부터 이 관측 도구들을 받아들여 정교하게 개량했다.

점이에요. 이슬람에서는 자신의 사회적 지위가 무엇이든 약자를 보살펴 주고 자비를 베풀어야 한다고 강조했는데, 이를 실천할 수 있는 가장 좋은 방법이 병원을 짓고 병자들을 돌보아주는 일이었습니다. 바그다드에만 일곱 개의 종합병원이 세워졌을 정도로 이슬람 지역 여러 도시에 많은 병원이 세워졌어요. 병원에는 일반의학과, 안과, 산과, 정신과, 외과 등으로 진료 분야가 나누어 있고, 과마다 전문의가 배치되어 있었어요. 적어도 이 시기의 이슬람 의학은 주변국 누구와도 견줄 수 없을 정도로 발전해 있었던 것이죠.

15세기 티무르 왕조의 군주이자 뛰어난 학자였던 울루그베그가 사마르칸트(현재 우즈베키스탄에 있다)에 세운 천문대. 지하 10미터, 지상 30미터, 총 40미터 높이의 거대한 천문대로, 오늘날과 비교했을 때 1분 정도의 오차 이내로 1년의 길이를 정확하게 측정할 수 있었다고 한다.

울루그베그 초상화(위), 천문대 내부 모습(아래)

마지막으로 살펴볼 분야는 연금술*입니다. 연금술을 과학으로 볼 것이냐, 비과학으로 볼 것이냐는 질문은 과학의 역사를 공부하는 사람들에게는 언제나 큰 논쟁거리입니다. 보통 연금술 하면 비밀스러운 기술秘術, 값싼 금속을 비싼 금으로 바꾸는 기술 또는 불로장생약을 만드는 기술 등을 떠올립니다. 그러면 비과학으로 분류해야 하지 않나 싶을 것입니다. 하지만 연금술의 역사에서 화학의 유래를 찾을 수 있으니, 그렇게 쉽게 치부할 수도 없는 노릇입니다. 이슬람인들은 연금술을 알키미야(al-kimiya, 영어로는 alchemy)라고 불렀는데, 화학chemistry이라는 말이 여기서 나온 것이니까요. 연금술을 과학으로 보든 그렇지 않든, 연금술이 물질에 대한 지식을 넓혔다는 사실은 부정할 수 없을 것 같습니다. 고대 고전을 통해 연금술 지식을 공부한 이슬람인들은 야금, 비금속 물질의 제조 및 분리, 유리 가공 등에서 많은 성과를 거두었습니다.

연금술

구리나 납 같은 값싼 금속을 금으로 정련하는 기술을 알아내거나 병을 치료하고 생명을 연장하는 방법을 발견하는 것이 목적이다.

중세 과학의 위치

그렇다면 과학의 역사에서 중세 과학은 어떤 위치를 차지하고 있을까요? 이슬람의 수학, 의학, 천문학, 연금술 등이 발전한 패턴은 거의 비슷합니다. 일단 고대의 고전들을 번역하여 학습한 다음에, 그 위에 자신들만의 독창적인 것을 얹어 발전시킨 것이지요. 이 때문에 어떤 사람들은 이슬람이 고대 과학을 보관하는 역할만을 했다고 저평가하기도 합니다. '이슬람은 고대 지식을 보관하는 냉장고 역할만을 했다' 혹은 '이슬람은 고대의 각종 지식을 흡수한 스펀지 역할을 했다'라는 식으로요. 이런 사람들은 이슬람 과학이 보여 준 두 가지 측면을 간과하고 있는 것은 아닐까요. 기존의 것에 독창적인 것을 얹었다는 점과 학문은 보통 기존 지식의 부족한 점을 보완하며 발전해 간다는 사실 말입니다.

이슬람인들은 고대 그리스, 페르시아, 인도, 중국 등 다양한 지역의 학문과 문화를 받아들여 융합하고 발전시켰으며, 서유럽이 침묵하던 약 400년 동안 중세 과학의 발전에 앞장섰어요. 그 과정에서 자연에 대한 보편적 지식으로서의 과학을 강조했고요. 여러분이 생각하기에 중세는 여전히 과학의 암흑기인가요?

중세의 대학생들은
어떤 과학을 배웠을까

11세기에 접어들면서 서유럽에선 다시 과학 연구가 활기를 띠기 시작합니다. 어떤 배경에서 과학의 역사에 서유럽이 다시 등장하게 된 것일까요?

농업 혁명

첫 번째 배경은 농업 혁명입니다. 이 시기에는 바이킹이나 이슬람 같은 외세의 침략이 줄어들면서 서유럽 사회가 정치적으로 안정되기 시작했고, 정치적 안정은 곧 경제적 안정으로 이어졌어요. 경제적 안정의 핵심은 농업 생산량 증대에 있었어요. 이 시기에 유럽인들은 무거운 쟁기를 사용해 땅을 깊게 갈아엎기 시작했는데, 이에 생산량이 늘고 농경지도 늘릴 수 있었지요. 농경지가 늘자 농사 지을 품목도 다양해져 포도, 면화 등도 재배하기 시작합니다. 양들도 사육하게 되고요. 또, 서유럽인들은 삼포제三圃制*라는 경작 방법을 도입해 생산량을 획기적으로 늘렸습니다. 방아나 풍차 같은 탈곡 기구의 발달, 다양한 철제 농기구의 개발 등도 생산량이 느는 데 큰 역할을 했지요.

농업 생산량이 증대하고 생산물이 다양해지자, 먹고 남은 농산물을 팔려는 사람들이 나타났어요. 농산물을 사고 팔려면 시장이 필요했겠죠? 사람들은 시장을 중심으로 모이기 시작했고, 사람들이 모여드니 자연스레 도시가 형성되었어요. 유럽의 오래된 도시에 가면 도시 한가운데 직사각형 모양의 넓은 시장을 볼 수 있는데, 바로 이즈음에 생겨났던 시장들입니다. 새로 생긴 도시들에는 성당 학교와 문법

삼포제

삼포제 도입 이전엔 경작지가 황폐해지는 것을 막기 위해 경작지의 상당 부분을 1년씩 묵혀 두곤 했다. 삼포제는 경작지를 세 곳으로 나누어 일 년 내내 농사를 지을 수 있게 했다는 점에서 획기적이다. 즉 3분의 1에는 가을에 파종해서 초여름에 수확할 수 있는 곡물을 심고(추경지), 다른 3분의 1에는 늦은 봄에 파종해서 가을에 수확할 수 있는 곡물을 심는(춘경지) 식이다. 나머지 3분의 1은 휴경지로 두었는데, 이곳에 잡초가 나면 목축지로 활용했다. 가축의 똥오줌이 거름이 되니 땅이 기름졌다. 각 땅마다 추경지, 춘경지, 휴경지가 되니 3년이 지나면 원래 순서로 돌아온다.

중세의 쟁기. 쟁기는 고대 이래로 사용된 농기구이지만, 로마인들은 가벼운 쟁기를 썼다. 이 쟁기는 땅을 깊이 갈아엎지 못하고 표면만 긁어 내는 수준이라서, 유럽의 무겁고 습한 땅에서는 힘을 쓰지 못했다. 그러다 중세 초기에 무거운 쟁기가 개발된 것이다. 이 쟁기 덕분에 단단한 땅과 밭고랑을 깊이 갈아 엎음으로써 더 많이 수확하게 된다.

학교가 세워졌어요. 성당에 소속된 학교인 성당 학교와 문법학교는 도시의 학생들이 학문을 배울 수 있는 장소였죠.

큰 자극을 준
이슬람 과학

두 번째 배경은 이슬람 문화와의 접촉에서 찾을 수 있어요. 8세기 초 이슬람인들이 스페인의 대부분 지역을 점령하자, 스페인 기독교도들은 자신들의 영토를 찾기 위해 국토회복운동Reconquista을 계속했어요. 1085년, 마침내 톨레도라는 도시를 되찾습니다. 이 사건은 서유럽의 기독교 문명과 이슬람 문명이 접촉하는 계기가 되었어요. 왜냐하면, 톨레도의 도서관이나 서점에는 아랍어로 번역된 고대 서적들이 많이 있었거든요. 이슬람 세력이 점령하고 있던 예루살렘을 탈환하기 위해 유럽의 기독교인들이 벌인 십자군 전쟁(1095-1291)도 유럽인들이 이슬람 문화와 접촉할 기회였습니다. 약 2세기 동안 계속된 십자군 전쟁을 통해 유럽인들은 이슬람의 발달한 학문을 접할 수 있었어요.

이슬람 과학을 접한 유럽인들은 큰 충격을 받았어요. 자신들이 지적 공백 상태에 있는 동안에 이슬람인들이 과학의 각 분야에서 엄청난 발전을 이루고 있었다는 사실을 뒤늦게 알았기 때문입니다. 서유럽의 학자들은 이슬람 과학의 발판이 되었던 고대 그리스 과학에 큰 관심을 가졌고, 이는 번역 사업으로 이어집니다. '제2차 번역의 시대'가 시작된 것이죠.

지적으로 굶주렸던 서유럽의 학자들은 아랍어로 번역된 고전 서적들을 자신들의 언어인 라틴어로 다시 번역하기 시작했어요. 12~13세기에 걸쳐 진행된 번역의 과정에서 유럽인들은 고대의 지식과 고대의 철학자들에게 경외감을 품었고 고대의 지식을 공부하여 흡수하려고 노력합니다.

그런데 서유럽인들의 번역 사업은 이슬람인들과는 성격이 상당히 달랐어요. 이슬람인들은 왕조의 지도를 받아 체계적이고 조직적으로 대대적인 번역을 시행한 반면, 유럽인들은 개인적인 차원에서 번역을 진행했어요. 또 이슬람인들이 '지혜의 집'이라는 전문 번역 기관에서 집중적으로 번역했던 것과 달리, 유럽인들의 번역은 지역적으로 흩어져서 이루어졌어요.

대학의 등장

개인적으로 흩어져서 번역이 진행되었는데도 서유럽인들이 번역한 고대 그리스 서적들은 빠른 속도로 유럽 전역에 퍼졌어요. 바로 이 시기에 유럽의 각 도시에 대학이 세워지고 있었기 때문이지요. 당시 도시에 세워진 성당 학교나 문법학교의 교수와 학생들은 자치 조합을 만든 다음, 교황이나 국왕의 특허를 받아 더 수준 높은 교육을 할 수 있는 교육기관을 만들었는데, 이것이 바로 대학입니다. 예를 들어 중세 말 유럽 3대 대학 중 하나였던 파리대학교는 노트르담 성당 학교를 전신으로 해서 만들어진 대학이었어요. 12세기 중반 이탈리아에 볼로냐대학교가 세워진 것을 시작으로, 13세기까지 유럽의 여러 도시에는 파리대학교, 옥스퍼드대학교, 케임브리지대학교 등 오늘날에도 있는 여러 대학이 설립되었어요. 고대 그리스의 고전들은 이러한 대학들에서 공통 교재로 채택되었고 곧 전 유럽으로 퍼져 나갔습니다.

중세의 대학생들이
배운 것

그렇다면 중세 대학생들은 학교에서 어떤 과목을 공부했을까요? 기독교에 관한 것만 공부하지는 않았습니다. 당시 대학은 교양학부와 전문학부로 나뉘었는데요, 지금으로 치면 교양학부는 대학 과정이고, 전문학부는 대학원 과정이라고 할 수 있어요. 교양학부에서 약 4년을 공부하고 나면, 전문학부로 진학할 수 있었지요. 전문학부는 신학, 법학, 의학을 가르쳤습니다. 이것은 중세 대학의 목적이 신학자나 법학자, 그리고 의사를 길러 내는 데 있음을 말해 줍니다.

그렇다면 교양학부 학생들은 무엇을 공부했을까요? 졸업 전에 3학 4과라는 과목을 들어야 했어요. 3학은 문법·수사학·논리학이고, 4과는 산술·기하학·천문학·음악을 의미해요. 자연철학 과목의 비중이 컸습니다. 이과생이나 문과생으로 나누지 않고 모든 학생이 자연철학 과목을 배웠던 것이죠. 어쩌면 중세의 대학생들은 지금의 대학생들보다 더 많은 시간 동안 과학을 공부했을지도 모른다는 말입니다. 지금도 대학에서는 필수로 배워야 하는 교양 과목들이 있는데, 자기 전공 공부를 본격적으로 시작하기 전에 교양 과목을 배우는 전통은 중세 대학에서 이미 시작되었다고 할 수 있습니다.

교재로 쓰인
아리스토텔레스 책

그렇다면 자연철학 과목의 내용은 무엇이었을까요? 당시 유럽 대학들의 교과 과정은 모두 비슷했어요. 특히 교양학부의 자연철학 교재는 주로 라틴어로 번역된 아리스토텔레스의 책들이었습니다. 따라서 고대 그리스의 자연철학, 특히 아리스토텔레스의 논리학과 자연철학 서적들은 아주 빠른 속도로 전 유럽의 대학들로 퍼져 나갈 수 있었어요. 중세 유럽의 교육과 지적 탐구의 핵심에 아리스토텔레스의 자연철학 저작들이 있었던 것이죠.

그렇다고 해서 중세의 대학생들이 자연철학 시간에 과학 실험을 했다고 생각하면 곤란해요. 오늘날에는 실험이 없는 과학 수업을 상상하기 어렵지만, 실험을 이용한 과학 연구 방법은 중세 이후 16세기 말에서 17세기 초가 되어서야 등장하거든요. 중세 대학은 실험실은커녕 대학 건물도 없이 이동 수업을 하는 학교가 대부분이었답니다.

한편, 중세의 수업은 '질문들Questions'이라는 토론 방식으로 진행되었어요. 교수가 어떤 주제에 관해 질문하면, 학생들은 아리스토텔레스 등이 쓴 고대의 문헌을 뒤져 답을 찾아내 대답하는 식이었지요. 질문은 '진공의 존재가 가능

중세 대학의 수업 풍경. 교수가 질문을 던지면 학생들이 답하는 식으로 진행되었다.

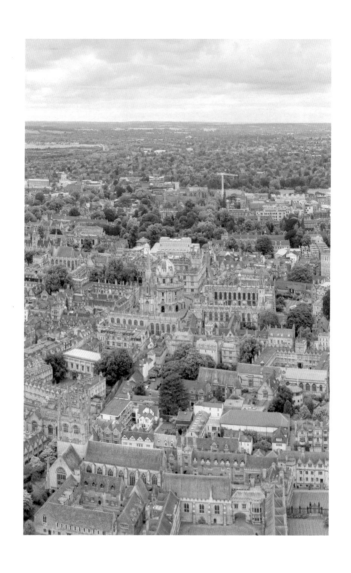

중세에 설립된 옥스퍼드대학교

한 것인가?', '무겁거나 가벼운 물체의 모든 운동에 저항이 있는 매체가 요구되는가?', '지구는 움직이지 않는 것인가?' 같은 것들이었습니다.

신학과 자연철학의 대립

그런데 아리스토텔레스 학문이 널리 퍼지면서 문제가 생기기 시작했습니다. 교양학부에서 가르치는 자연철학과 신학부에서 가르치는 기독교 사이에 갈등이 생긴 것이죠. 신학부의 교수들은 아리스토텔레스가 신의 전능함과 자유의지를 제한한다고 비판했어요. 예를 들어 교양학부 교수들은 아리스토텔레스의 말을 따라 '우주는 시작도 끝도 없이 영원하다'고 가르쳤는데, 이는 신이 세상을 처음 창조했다는 기독교의 가르침과 맞지 않았어요. 예를 더 들어 보면, 아리스토텔레스는 자연철학자로서 인과관계를 강조했어요. 어떤 현상이 생기면 원인이 무엇인지 설명하고자 했고, 자연에 숨어 있는 규칙성을 찾아 항상 합리적으로 자연현상들을 설명해야 한다고 강조했지요. 이런 태도는 신의 기적을 설명하려는 기독교의 가르침과는 맞지 않았지요. 또 아리스토텔레스는 '영혼은 형상이고 육체는 질료라서 육체가 죽으면 영혼도 사멸한다'고 했는데, 이것은 영혼이 불멸한다는 기독교 가르침과 어긋났습니다.

아리스토텔레스 때문에 신앙의 기초가 흔들릴까 봐 걱정한 일부 교회는 아리스토텔레스 자연철학을 금지시킵니다. 교회에서는 '첫 번째 원인(신)도 여러 개의 세계를 만들 수는 없다', '사람에게 아버지가 있듯이, 어떤 작인 없이 신 혼자서 사람을 만들 수는 없다', '신도 하늘을 직선으로 운동하도록 할 수는 없다. 그 이유는 진공이 생기게 될 것이기 때문이다', '신학을 앎으로써 더 잘 알게 되는 것은 아무것도 없다', '이 세상에 지혜로운 사람은 철학자들뿐이다' 같은 자연철학의 가르침들을 받아들일 수 없었거든요. 하지만 금지령에도 불구하고 대학에서 아리스토텔레스는 여전히 큰 힘을 발휘했습니다.

스콜라철학의 발달
신학부와 교양학부

신학부의 신학 교수들과 교양학부 자연철학 교수들 간의 대립과 갈등을 극복하기 위해, 대학에서는 스콜라철학이 크게 강화되었어요. 스콜라철학은 중세에 교회의 인정을 받아

가르치던 철학으로, 기독교 신앙의 가르침과 자연철학의 이성적 논리를 조화시키고자 했던 철학이에요. 아리스토텔레스의 자연철학을 기독교 사상에 편입하려던 시도지요. 대표적인 스콜라철학자가 토마스 아퀴나스Thomas Aquinas, 1225-1274입니다. 토마스 아퀴나스는 '신학의 지나친 속박이 없으면, 시녀(여기서는 아리스토텔레스 자연철학을 의미한다)는 자기 일을 더 잘할 수 있을 것'이라며 아리스토텔레스의 기독교화를 주장했어요. 스콜라철학자들은 자연에 관한 고대의 지식을, 신학의 논리를 강화하고 신의 전지전능함을 드러내는 데 이용했던 것이죠.

지금까지 알아본 것처럼, 중세 서유럽의 대학들은 비록 신학으로부터 독립은 하지 못했지만, 이성과 합리성을 강조한 고대의 자연철학을 받아들였고, 다양한 자연철학 과목들을 가르쳤습니다. 교양학부에서 자연철학 교양을 갖춘 학생들만 전문학부에 진학하도록 함으로써 아리스토텔레스 같은 고대 자연철학자의 사상이 유럽 전역에 퍼지는 데 큰 역할을 했어요.

오늘날 과학을 연구하는 방식은 중세와 크게 달라졌지만, 교양학부와 전문학부를 구분하고 교양을 이수해야 전공 공부를 할 수 있도록 한 중세의 학제는 오늘날까지 이어지고 있답니다.

스콜라철학자들은 플라톤의 자연철학을 받아들여 신이 기하학적 원리에 따라 세상을 창조했다고 생각했다.

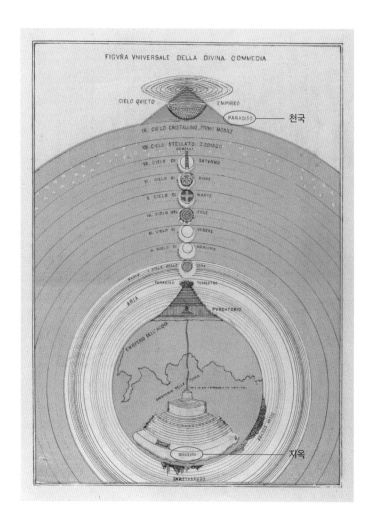

스콜라철학자들은 지옥과 천국의 위치를 아리스토텔레스의 지구 중심 우주 체계를 바탕으로 설명했다. 그림에서 천국은 항성 천구의 바깥인 가장 높은 하늘에 있고, 지옥은 지구의 가장 낮은 안쪽에 있다.

2장

근대 과학의 탄생

과학자들은 언제부터 실험을 했을까

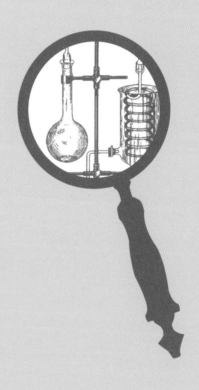

중세 대학들의 노력이 있긴 했지만, 자연에 관한 지식이 폭발적으로 증가한 것은 근대에 들어서입니다. 근대는 보통 17세기부터 19세기까지를 말합니다. 근대 초기의 과학의 모습은 중세와 아주 많이 달라졌습니다. 그래서 이 시기에 일어난 과학계의 큰 변화를 보통 '과학 혁명The Scientific Revolution'이라고 합니다.

왜 과학 혁명일까

그렇다면 과학 혁명 시기에 과학에는 어떤 변화가 일어났을까요? 먼저 과학을 하는 목적이 크게 달라졌습니다. 중세의 학문에서 일 순위는 과학이 아닌 신학이었어요. 스콜라철학이 보여 주었듯이, 과학은 신학을 뒷받침하는 역할을 했지요. 하지만 오늘날에는 과학을 순수하게 자연에 관한 지식을 만드는 활동이라고 생각합니다. 과학과 종교가 분리되어 있어서 종교가 과학에 큰 영향을 끼치지 못하죠.

두 번째, 과학 혁명 시기에 과학의 내용도 크게 달라졌습니다. 중세의 대학에서는 아리스토텔레스를 중심으로 하는 고대 그리스의 자연철학을 주로 가르쳤는데, 근대 이후부터는 그것을 넘어 자신들이 새롭게 알아낸 지식, 즉 근대적 학문을 더 중요하게 가르치기 시작했어요.

세 번째, 과학을 하는 방법도 크게 변했어요. 오늘날 과학 지식을 만들 때 가장 중요시하는 방법은 아마도 실험일 거예요. 물론 직접 실험하지 않고 사고실험으로만 지식을 알아내는 예도 있지만, 과학과 실험을 분리해서 생각하기는 정말 어렵지요. 그런데 중세까지만 해도 대부분 자연철학자는 실험을 중요하게 생각하지 않았어요. 예를 들어 아리스토텔레스는 자연현상을 눈으로 잘 관찰한 후 그 현상의 원인을 곰곰이 생각하는 방법을 통해 지식을 만들어 냈어요. 중세의 스콜라철학자들도 실험은 하지 않고 이성에 의해 자연현상을 인식하려고 했습니다. 주로 질문을 던지고 이에 대한 찬반 논쟁을 거쳤지요. 오늘날 어떤 과학자가 실험은 하지 않고 논쟁만을 원한다면 그 과학자의 말을 근거가 없다는 이유로 무시할 거예요. 하지만 중세에는 그러한 방식이 일반적인 과학 연구 방법이었던 것이죠.

그렇다면 그동안 실험을 중시하지 않았던 이유는 무엇일까요? 고대부터 중세까지 자연철학자들은 대부분 상류층이었어요. 그런데 실험은 일종의 '손기술'이라고 할 수 있어요. 상류층의 철학자가 손기술을 이용한다는 것은 있을 수 없는 일이었죠. 더욱이 중세까지는 실험을 통해 자연에 관한 지식을 발견할 수 있다는 생각 자체가 없었습니다.

헤르메스주의와 자연 마술

그럼, 과학 혁명 시기에는 자연에 관해 어떻게 생각하기 시작했을까요? 서유럽의 학자들 사이에서는 새로운 자연관이 생겨났습니다. 먼저 헤르메스주의라는 사조를 살펴보겠습니다. 헤르메스주의자들은 인간이 우주를 형성하는 신비하고 마술적인 힘과 상호 작용을 하여 자연현상에 영향을 미칠 수 있다고 생각했어요. 중세에는 우주를 신의 영역, 불가침의 영역으로 여겼는데, 자연을 적극적인 상호 교류의 대상으로 여기게 된 것이죠.

자연에 대한 수동적인 태도에서 벗어나 인간이 자연에 적극적으로 영향을 미칠 수 있다는 생각은 '자연 마술magia naturalis'이라는 사조에서도 찾아볼 수 있어요. 자연 마술가들은 우주가 눈에 보이지 않는 신비한 힘으로 가득 차 있으니, 마술을 이용해서 자연계의 숨겨진 힘을 파악하면 자연을 효과적으로 조작할 수 있다고 믿었습니다. 여기서 마술은 기적이나 주술이 아니라, 자연의 이치에 따라 자연의 힘을 인위적으로 조작하고 응용하는 기술을 말해요.

헤르메스주의나 자연 마술을 잘 보면 자연에 대한 인간의 태도가 크게 달라진 것을 확인할 수 있어요. 이전까지 자연철학자들은 자연을 관조적으로 바라보면서 연구했거든요. 관조란 자연현상을 잘 관찰한 다음 그 현상들에 대해 깊이 생각함으로써 자연현상의 본질을 알아내는 방법을 말합니다. 그런데 근대에 들어 자연을 조작하고 자연의 힘을 이용하고자 하는 모습이 나타나기 시작한 것이죠.

자연을 조작한다는 것, 그것이 바로 오늘날의 '실험'이라고 할 수 있어요. 실험은 자연현상에 대한 관찰을 넘어, 새로운 자연현상을 창조하는 일이었어요. 여러분이 실험실에서 구름 생성 실험을 한다고 생각해 보세요. 구름은 자연에서 생성되지만, 우리는 실험실에서 페트병과 공기 압축 마개만 가지고 간단한 조작을 통해 구름을 만들어 낼 수 있어요. 또 다른 예를 들어 보죠. 자연 상태에서 쇠공과 깃털을 떨어 뜨리면 당연히 쇠공이 먼저 떨어지겠죠? 그런데 우리는 진 공이라는 인위적인 환경을 만들어 그 속에서 쇠공과 깃털을 낙하시키는 실험을 통해, 공기의 저항이 없다면 물체들이 같은 속도로 낙하한다는 사실을 알아낼 수도 있어요. 바로 이런 것이 '자연을 조작한다'는 의미예요. 이처럼 헤르메스 주의나 자연 마술은 근대의 '실험과학'이 탄생하는 데 아주 중요한 역할을 했어요.

부활한 연금술

잠깐, 자연 마술에 대해 더 알아볼게요. 자연 마술의 대표적 인 것이 바로 연금술이에요. 연금술은 고대 이집트에서 처 음 시작되었고, 고대 그리스에서도 크게 발달했습니다. 하 지만 고대 연금술은 기독교가 국교로 되면서 급격히 쇠퇴합 니다. 로마 황제가 연금술을 금지했거든요. 이후 연금술은 비밀리에 연구되는 학문이 되었습니다.

이런 고대 연금술이 부활한 것은 앞서 설명한 중세 이슬

연금술은 과학에서 실험을 중요시하는 계기를 만들었고, 근대 화학이 뿌리 내리는 데 큰 역할을 했다. 그림은 〈연금술사 센디보기우스Alchemist Sendivogius〉, 얀 마테이코Jan Matejko 작품

람인들의 번역 사업 덕분입니다. 이슬람인들은 다른 학문에 대해 그랬던 것처럼, 연금술 분야에서도 고대 이집트, 고대 그리스, 메소포타미아의 지적 유산들을 먼저 공부했어요. 그런 후 자신들이 가진 지식을 이용하기 시작했습니다.

특히 이슬람의 연금술사들은 실험의 중요성을 무척 강조했어요. 실험이 매우 중요한 학문적 절차이고, 이론을 증명할 수 있는 도구라고 여겼거든요. 근대 화학자들의 모습과 닮았습니다. 이슬람 연금술사 중 가장 유명한 사람은 '이슬람 연금술의 아버지'인 자비르 이븐 하이얀Zabir Ibn Hayyan, 721-815입니다. 그는 체계적인 반복만이 실험을 성공으로 이끌 수 있다고 생각했습니다. 여러 물질의 양을 저울로 정확하게 측정하고, 계량한 물질들을 혼합해서 새로운 물질들을 만들어 냈으며, 혼합물에서 새로운 물질들을 분류해 내는 실험을 끊임없이 시도했어요. 그를 비롯한 이슬람 연금술사들이 발달시킨 대표적인 실험 방법이 바로 '증류distillation'입니다. 증류란 액체 혼합물을 가열

중세 대표적인 이슬람 연금술사
자비르 이븐 하이얀

비 퀘스천 과학사

해서 끓는점이 낮은 액체부터 먼저 기체로 만든 다음, 이 기체를 다시 냉각시켜 순수한 액체를 분리해 내는 실험 방법이에요.

그렇다고 해서 이슬람 연금술사들이 이론 체계 없이 실험만을 반복한 것은 아니었어요. 아리스토텔레스의 4원소설을 근거로 실험을 진행했습니다. 아리스토텔레스는 물, 불, 흙, 공기 4원소를 우리가 일상에서 경험할 수 있는 성질들의 합으로 설명했어요. 예를 들어, 차가운 성질과 습한 성질이 만나 물이 만들어진다고 말했어요. 자비르 이븐 하이얀은 물을 700번 이상 증류하면 물에서 차가운 성질만을 분리해 낼 수 있다고 생각했어요. 끊임없이 반복해 순수한 성질들을 분리해 낸 다음, 그 물질들을 일정한 비율로 다시 혼합하면 '현자의 돌Philosopher's Stone'을 만들 수 있으리라고 믿었습니다. 현자의 돌이란 값싼 금속을 금으로 바꿀 수 있는 전설의 돌을 말해요.

비록 자비르 이븐 하이얀은 현자의 돌을 만들지는 못했지만 여러 물질을 가지고 실험을 하는 과정에서 수산화나트륨(가성 소다), 왕수(진한 염산과 진한 질산을 3:1의 비율로 섞은 용액), 황산, 질산, 염산 같은 물질을 발견할 수 있었습니다.

이슬람 연금술사들은 증류 이외에도 용해, 응고, 하소, 승화 같은 현상들도 연구했어요. 정확한 측정을 강조했던 이들에게는 저울로 양을 재는 일도 무척 중요한 일이었지요. 이런 과정을 거쳐 이슬람의 연금술은 근대 화학이 튼튼하게 뿌리 내릴 수 있게 했습니다.

실험으로 증명한 지식들

영국의 철학자이자 정치가였던 프랜시스 베이컨Francis Bacon, 1561-1626은 과학 혁명 시기에 실험의 중요성을 강조한 대표적인 인물입니다. 실험이야말로 자연에 관한 참다운 지식에 도달하게 하는 열쇠라면서, 과학자는 자연을 '고문'하거나 '귀찮게' 해서 자연 속에 감춰진 비밀을 캐내야 한다고 강조했습니다.

17세기가 지나면서 점점 더 많은 자연철학자가 실험을 통해 과학 지식을 만들어 냈어요. 예를 들어, 갈릴레오 갈릴레이Galileo Galilei, 1564-1642는 '경사면 실험'을 통해 낙하운동의 법칙을 알아냈어요. 갈릴레오는 가늘고 긴 나무판을 구해서 나무판 안쪽에 홈을 판 후, 나무판의 한쪽 끝을 들어 올려서 경사지게 했어요. 그 다음 단단하고 매끄러운 구리 공이 경사진 홈을 따라 내려오도록 하면서 이동 시간을 측

갈릴레오의 경사면 실험 장치

정했지요. 갈릴레오는 '100번도 넘게' 낙하 거리와 이동 시간 사이의 관계를 측정해서 구리공이 낙하한 거리가 시간의 제곱에 비례한다는 사실을 알아냈습니다. 나무판의 경사각을 얼마로 하든지 결과는 마찬가지였어요. 갈릴레오는 이러한 방법을 통해 "물체의 낙하 거리는 낙하시간의 제곱에 비례한다"는 자유낙하 법칙을 알아낼 수 있었습니다.

　영국의 로버트 보일Robert Boyle, 1627-1691도 실험을 통해 공기에 관한 지식을 만들어 냈어요. 17세기에는 진공 상태를 만들어 기압의 크기를 측정하는 실험이 유행했는데, 보일은 진공펌프를 이용해 공기의 특징들을 알아냈습니다. '보일의 법칙*'을 발견한 것으로 유명해졌고요.

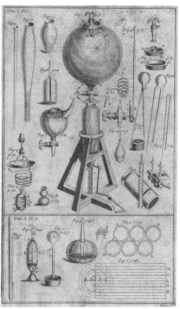

보일(왼쪽)과 보일이 만든 진공펌프. 이를 이용해 공기의 특징을 알아냈다.

그런데 당시에는 실험을 통해 자연에 관한 지식을 만드는 것이 워낙 낯선 방법이어서, 많은 사람이 그 지식을 진짜라고 받아들이기 어려워했어요. 그래서 보일은 많은 사람을 모아 놓고 실험을 직접 보여 주었어요. 보일의 실험을 목격한 사람들, 즉 신사gentleman들은 실험의 증인이 된 것이지요.

보일의 법칙
보일은 J자 모양 유리관을 이용해, 온도가 일정할 때 기체의 압력과 부피가 서로 반비례한다는 것을 밝혀냈다.

하지만 실험 증인이 되어 줄 사람의 수는 한계가 있었어요. 그래서 보일은 더 많은 사람에게 실험을 알리기 위해 보고서를 작성하기 시작했습니다. 보고서에 실험 날짜, 실험 방법, 실험 결과 등을 자세히 적었죠. 그런 다음 이 보고서를 유럽 여러 나라의 학자들에게 보냈습니다. 보고서를 읽은 사람들은 보일의 실험에 대한 가상의 목격자가 되어 주었지요. 과학 수업 시간에 실험하고 난 뒤 가장 귀찮은 일 중 하나가 보고서를 작성하는 일이죠? 실험 보고서는 과학혁명 시기에 보일 같은 과학자들이 자신들이 인위적으로 만들어 낸 지식을 인정받는 아주 중요한 방법이었습니다.

지금은 당연시하는 실험 활동의 역사가 400년 정도밖에 되지 않았다니 놀랍죠? 물론 연금술의 역사를 감안하면 실험 자체의 역사는 고대 이집트까지 거슬러 올라갈 수 있겠지요. 하지만 앞에서 보았듯이 많은 과학사학자가 연금술을 과학이 아닌 기술이라고 생각하고 있어요. 자연에 관한 지식을 만들기 위해서가 아니라, 금이나 불로장생약과 같은 실용적인 목적으로 실험했다고 생각하기 때문이에요.

우리가 과학 시간에 배운 대부분 지식은 17세기 이후에 실험을 거쳐 얻은 지식이랍니다.

갈릴레오는 정말
"그래도 지구는 돈다"고
했을까

과학사에서 가장 논쟁이 많았던 재판이 갈릴레오 갈릴레이Galileo Galilei, 1564-1642의 재판일 것입니다. 갈릴레오는 1632년 로마교황청으로부터 종교 재판소에 출두하라는 명령을 받았고, 1633년에 로마의 산타 마리아 소프라 미네르바 성당에서 종교 재판을 받았습니다. 죄목은 '중대한 이단 혐의'였습니다. 유죄 판결을 받은 갈릴레오는 남은 생을 집에 갇혀 지냈습니다. 1992년 당시 교황 요한 바오로 2세는 갈릴레오 재판이 잘못되었음을 인정하고 사과했습니다. 재판이 열린 지 약 360년이 지난 후였지요.

갈릴레오는 왜 종교 재판을 받게 되었을까요? 그리고 재판이 끝나고 나오면서 갈릴레오는 정말로 "그래도 지구는 돈다"고 중얼거렸을까요?

천동설을 뒤집은
코페르니쿠스

갈릴레오가 왜 그랬는지 알려면 먼저 코페르니쿠스부터 알아야 합니다. 니콜라우스 코페르니쿠스Nicolaus Copernicus, 1473-1543는 갈릴레오가 태어나기 약 90년 전에 폴란드에서 태어났어요. 코페르니쿠스는 대학에서 아리스토텔레스의 자연철학을 공부했습니다. 이탈리아에서 공부한 후 고향으로 돌아와서는 교회에서 신부로 일하면서 남는 시간에 천문을 연구했지요.

고향으로 돌아온 이듬해에는 새로운 우주 모델을 개발하기 시작했어요. 1510년에는 행성들이 태양을 중심으로 공전한다는 가설을 담은《짧은 해설서》를 출판했습니다. 1529년부터는 새로운 우주 체계에 관한 자신의 견해를 담은 책을 쓰기 시작했고요. 책을 다 쓰고도 다듬기만 반복하자 지인들이 출간을 재촉했다고 합니다. 마침내 1542년, 400쪽에 달하는 코페르니쿠스의 책은 인쇄 작업에 들어갔고, 10개월 만인 1543년 세상에 나올 수 있었습니다. 그 책이 바로《천구의 회전에 관하여》입니다.

이 책에서 코페르니쿠스는 아리스토텔레스의 지구 중심 우주 체계를 완전히 뒤집는 새로운 주장을 했어요. 태양을

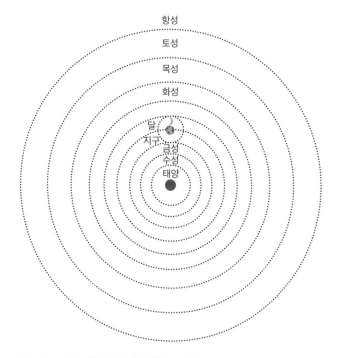

코페르니쿠스의 태양중심설에서 천체들의 배치

우주의 중심에 고정해 놓고 지구를 행성의 위치로 옮긴 후, 태양이 아닌 지구가 움직인다고 한 것이죠. 그로 인해 이제 지구는 자전과 공전이라는 운동을 하게 되었습니다. 코페르니쿠스의 우주 체계는 태양이 우주의 중심에 있는 체계이기 때문에 '태양 중심 우주 체계' 혹은 '태양중심설'이라 하고, 지구가 운동하고 있으므로 '지동설地動說'이라고도 합니다.

　코페르니쿠스 이전에도 태양중심설을 주장한 학자가 있

었어요. 고대 그리스의 아리스타르코스Aristarchus of Samos, 기원전 310-230는 삼각법을 이용해 태양과 달 사이의 거리, 태양과 지구 사이의 거리를 계산해 냈고, 지구에서 태양까지의 거리를 이용해 태양의 지름을 계산했어요. 비록 지금 우리가 알고 있는 수치와 비교했을 때 꽤 차이가 있지만, 태양이 지구보다 더 크다는 사실을 밝혀냈다는 점에서 아주 중요한 계산이었지요.

아리스타르코스는 태양이 자신보다 작은 지구 주변을 공전한다는 것은 불합리하다고 보았어요. 그래서 지구가 태양 주변을 공전해야 한다고 주장했습니다. 물론 이런 주장은 당시에 받아들여지지 않았지요. 오늘날 많은 과학사학자는 그를 코페르니쿠스의 선구자로 생각한답니다.

한편 코페르니쿠스의 책 《천구의 회전에 관하여》에 대해 당시 학자들은 어떻게 반응했을까요? 대다수가 격렬하게 반대했습니다. 그도 그럴 것이, 아리스토텔레스의 지구 중심 우주 체계는 현실에서 우리가 관찰하고 경험하는 그대로를 잘 반영한 것이어서 쉽게 납득이 되었거든요. 코페르니쿠스의 우주 체계는 가만히 앉아 있는 사람에게 '당신이 정지해 있는 것 같죠? 사실 당신은 지금 엄청나게 빠른 속도로 자전과 공전을 하고 있습니다'라고 말하는 것이니, 얼마나 황당한 소리로 들렸겠습니까.

하지만 코페르니쿠스의 주장이 옳다고 굳게 믿는 사람들도 있었어요. 그중 한 사람이 갈릴레오였습니다. 갈릴레오는 젊었을 때부터 이미 코페르니쿠스의 우주 체계를 받아들였고, 코페르니쿠스가 촉발한 새로운 천문학 이론을 전파하기 위해 노력했어요.

망원경으로
발견한 것

갈릴레오는 망원경을 이용해 태양 중심 우주 체계를 지지할 수 있는 증거를 많이 찾아냈어요. 망원경은 1608년에 처음 발명되었는데, 이 소식을 들은 갈릴레오는 망원경을 구해 개량했습니다. 볼록렌즈와 오목렌즈를 직접 조합해 30배율이라는 당시 유럽 최고의 망원경을 갖게 되었지요.

갈릴레오는 망원경으로 밤하늘을 관측하기 시작했습니다. 그리고 이전까지 맨눈으로 관측한 자료들과는 질적으로 완전히 다른 새로운 관측 결과를 손에 넣습니다.

1609년, 갈릴레오가 처음으로 관측한 천체는 달이었어요. 달이 엄청나게 가깝고 크게 보였습니다. 갈릴레오는 크게 놀랍니다. 고대부터 달은 완벽하게 둥글고 매끈한 것으

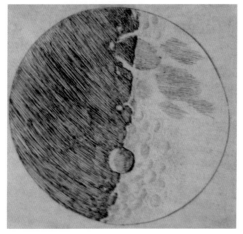

갈릴레오가 개량해 사용한 망원경(위)

갈릴레오가 그린 달 그림 중 하나. 울퉁불퉁한 달 표면이 실감 나게 그려져 있다.

로 믿어 왔는데, 실제로 보니 완벽하지 않았기 때문이지요. 표면은 거칠거칠하고 울퉁불퉁했고, 푹 파이거나 솟아오른 부분도 있었어요.

갈릴레오는 망원경으로 달 말고도 여러 천체를 관측했어요. 그 결과 맨눈으로 볼 때보다 별이 더 많다는 사실을 알았고, 목성을 관측할 때는 목성 주위에 4개의 위성(현재까지 알려진 목성의 위성은 79개이다)이 있음도 알게 되었습니다. 이 위성들은 너무 작고 멀리 있어서 그동안 육안으로는 관측할 수 없었던 것이죠. 갈릴레오는 토성에 고리가 있다는 사실도 알아냈고, 태양의 흑점을 처음으로 관측하기도 했습니다.

천동설은
틀렸다!

이런 관측 결과는 무엇을 의미할까요? 아리스토텔레스의 우주론에서는 별들이 박혀 있는 항성 천구가 우주의 가장 바깥을 차지하고 있었어요. 이것은 우주의 크기가 그렇게 크지 않다는 의미이기도 했어요. 그런데 달은 맨눈보다 망원경으로 관찰할 때 훨씬 커 보이는 데 반해, 별은 망원경으로 관찰해도 맨눈으로 관찰한 것에 비해 크기가 그렇게 커지지는 않았어요. 이는 아리스토텔레스가 생각했던 것보다 별이 훨씬 더 멀리 있다는 것, 즉 우주의 크기가 이전에 생각했던 것보다 훨씬 더 크다는 것을 의미합니다. 또, 목성에 위성이 있음을 보고 사람들은 이 우주에서 지구만이 위성을 가지는 것은 아니라는 사실도 알게 됐습니다. 사실 고대인들이 지구를 우주의 중심에 놓았던 이유 중 하나는 지구만이 유일하게 달이라는 위성을 가지기 때문이었어요. 위성을 가지는 천체가 지구밖에 없으니, 이 우주에서 지구가 특별한 위치를 차지해야 한다고 믿었던 것이죠. 갈릴레오의 목성 위성 발견은 지구가 모든 천체의 회전중심이라는 믿음을 깨는 것이었습니다.

이후 갈릴레오는 코페르니쿠스의 우주론에 힘을 실어 줄 또 다른 사실을 발견합니다. 금성 모양이 초승달, 반달, 보름달로 변할 뿐만 아니라 크기도 달라진다는 것입니다. 이 발견은 아리스토텔레스의 우주론이 틀렸음을 보여 주는 결정적인 증거였어요. 왜냐하면 아리스토텔레스의 우주론에서는 금성이 항상 초승달 모양이었거든요.

갈릴레오는 자신이 발견한 것들을 《별들의 전령》 등의 책으로 발표했습니다. 갈릴레오의 책은 납득이 가게 쉽게 쓰여서 일반 대중들이 보기에도 설득력이 있었고 이해하기

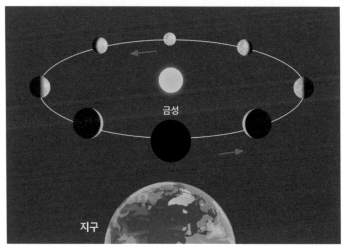

갈릴레오가 관찰해 그린 금성의 모양 변화. 그림 사이의 기호는 행성을 나타내는 기호로, 금성을 의미한다(위). 금성 모양이 이렇게 보이려면, 금성이 지구보다 안쪽 궤도에서 태양 주위를 공전해야 한다.

도 쉬웠어요. 그의 책은 대중적으로 큰 인기를 끌었고 갈릴레오는 가장 유명한 과학자로 주목을 받습니다. 갈릴레오의 인기에 힘입어 코페르니쿠스의 태양 중심 우주 체계를 지지하는 사람도 늘어났습니다.

물론 반론하는 사람들도 많았습니다. 이들은 '지구가 자전과 공전을 한다면, 엄청나게 빠른 속도로 움직일 텐데 왜 우리는 그것을 느끼지 못하는가?', '지구가 그렇게 빨리 움직이는데 사람들은 왜 지구 밖으로 튕겨 나가지 않는가?', '만약 지구가 우주의 중심이 아니라면 무거운 물체들은 왜 지구의 중심을 향해 떨어지는가?', '백번 양보해서 지구가 자전한다고 가정해 보자. 위쪽으로 화살을 쏘아 올리면 화살이 떨어지는 동안 지구가 자전을 할 테니, 화살은 처음 지점보다 더 뒤쪽에 떨어져야 한다. 그런데 왜 위로 똑바로 쏘아 올린 화살이 제자리로 떨어지는가?' 같은 의문을 쏟아 냈습니다.

봉인된
지동설

이제, 갈릴레오의 종교 재판으로 돌아가 보겠습니다. 갈릴레오가 재판을 받게 된 결정적인 계기는 1632년에 출판한 《세계의 두 체계에 관한 대화》라는 책 때문입니다. 이 책은 등장인물들이 서로 대화하는 방식으로 쓰여 보통 《대화》라고 합니다. 이 책은 출판 직후 불온서적이라는 혐의를 받았고, 금서가 됩니다. 갈릴레오는 모두 알다시피 유죄 선고를 받았고요. 도대체 어떤 내용이기에 이렇게 된 것일까요?

《대화》는 2명의 철학자와 1명의 시민, 총 3명의 등장인물이 나흘 동안 여러 역학적인 문제를 놓고 토론하는 방식으로 쓰여 있습니다. 3명은 살비아티, 심플리치오, 사그레도입니다. 이 중 살비아티는 코페르니쿠스의 태양 중심 우주 체계를 대변하고, 심플리치오는 아리스토텔레스를 대변하며, 시민 사그레도는 중재를 합니다. 문제가 된 살비아티 부분만 잠깐 보겠습니다.

살비아티 (돛대 꼭대기에서 돌을 떨어뜨리면) 돌은 늘 갑판의 같은 지점에 떨어져. 배가 가만히 있든, 또는 어떠한 속력으로 움직이든 늘 마찬가지야. 배에 대해 성립하는 성질은 지구에 대해서도 마찬가지로 성립한다고 했으니까, 탑 꼭대기에서 떨어뜨린 공이 바로 밑으로 떨어진다고 하더라도 그걸 가지고 지구가 가만히 있는지 아니면 움직이는지 추론할 수는 없네. (중략) 나는 지구의 움직임을 증명했다고 주장하지는 않고

종교 재판을 받고 있는 갈릴레오

있네. 지금까지 내가 한 일은 이 이론에 반대하는 사람들이 지구가 움직이지 않는 증거라고 내세운 것에서 어떤 결론도 끌어낼 수 없음을 보인 거야. 다른 증거들에 대해서도 마찬가지라고 할 수 있어.[1]

살비아티 (금성의 위상을 설명하며) 이런 겉보기 관측이 옳다면, 금성이 태양 둘레를 원운동 한다고 말하지 않을 도리가 없겠고, 그 원운동의 안쪽에 지구가 놓여 있다고 보기도 힘들겠지요. (중략) 금성이 태양을 마주 보는 자리에 놓일 때도 있다는 사실로 미뤄 볼 때, 지구가 금성의 원운동 안쪽에 놓여 있다고 말할 수는 없겠지요.[2]

살비아티 금성은 아홉 달에 한 바퀴 돌고 화성은 2년에 한 바퀴 돌죠. 그러니 금성과 화성 사이에 지구가 정지해 있다고 보기보다는 1년에 한 바퀴 도는 운동을 한다고 보는 게 훨씬 우아하고 정연한 일이 되리라 생각합니다. 정지 상태는 태양에 넘겨 버리고요. 그리고 만일 그렇게 한다면, 지구는 일주 운동도 한다고 볼 수밖에 없지요. 왜냐하면, 태양이 정지 상태에 있고 지구가 자전은 하지 않으면서 태양 둘레를 도는 운동만 한다면, 1년에 한 번의 낮과 한 번의 밤만 나타날 테니까요.[3]

이처럼《대화》는 코페르니쿠스의 태양 중심 우주 체계가 옳다고 주장하는 살비아티가 아리스토텔레스를 지지하는 심플리치오를 설득하는 내용을 담고 있습니다.

물론 이 책을 쓸 때 갈릴레오는 미리 교황의 허락을 받았습니다. 당시 교황 우르바노Urban 8세는 갈릴레오의 친구이자 후원자였거든요. 갈릴레오는 코페르니쿠스 체계와 아리스토텔레스 체계 모두를 공정하게 비교, 설명하겠다는 약속도 했어요. 심지어 다 쓴 원고를 심사까지 받았지요.

하지만 위의 예문에서 볼 수 있듯이 독자들은 갈릴레오가 코페르니쿠스를 지지하고 있다는 것을 쉽게 눈치챌 수 있었습니다. 갈릴레오는 밀물과 썰물의 움직임을 지구의 자전과 공전을 이용해 설명했는데, 이것이야말로 태양 중심 우주 체계에 대한 그의 믿음을 반영한 설명이었지요. 결국 《대화》를 출판한 이듬해인 1633년, 갈릴레오는 종교 재판에 부쳐져 로마로 떠납니다.

남겨진 메모

그런데 정작 종교 재판에서 문제 삼은 것은 책의 내용보다는 오히려 갈릴레오가 자신의 서약을 지키지 않았다는 점이었어요. 당시 로마의 종교 재판소는 가톨릭에 비판적인 출판물을 감독하는 임무를 맡고 있었습니다. 모든 출판물은 종교 재판소의 사전 허락을 받아야만 출판할 수 있었고, 사상이 의심되는 책은 금서 목록에 올라갔지요. 종교 재판소는 1616년에 이단 도서 목록을 발표했는데, 코페르니쿠스의 《천구의 회전에 관하여》도 금서로 지정해 출간 정지 명령을 내렸습니다. 그리고 갈릴레오에게 코페르니쿠스의 태양 중심 우주 체계를 더는 지지하지 말아야 하며, 이를 지키지 않으면 종교 재판에 부치겠다고 경고했습니다. 갈릴레오는 그러겠다고 서약했지요. 종교 재판에서 교회가 문제 삼았던 것은 갈릴레오가 《대화》를 쓰면서 16년 전에 했던 서약을 어겼다는 점이었어요.

결국 갈릴레오는 《대화》에서 지구가 움직인다는 사실을 원래 의도보다 지나칠 정도로 강하게 주장했음을 시인했습니다. 교회는 《대화》를 금서 목록에 올렸고, 갈릴레오에게 유죄 판결을 내렸습니다. 갈릴레오는 자신의 잘못을 인정했고, 다시는 코페르니쿠스를 지지하는 그 어떤 말도 하지 않겠다는 서약을 하게 됩니다.

재판을 마친 갈릴레오가 나오면서 정말 "그래도 지구는 돈다"고 했을까요? 오늘날 대부분 과학사학자는 이 말을 믿지 않아요. 갈릴레오가 그런 말을 했다면 바로 그 자리에서 다시 잡혀 투옥되었을 테니까요.

그런데 갈릴레오가 소장하고 있던 《대화》 한 귀퉁이에 그래도 자신은 코페르니쿠스의 태양중심설을 지지한다는 메모가 적혀 있었다고 합니다. 학문적 신념을 끝까지 포기하지 않았던 노학자의 모습이 아른거립니다.

과학에서 수학이 필요한
이유는 무엇일까

18세기 이전까지 과학이라는 말은 존재하지 않았습니다. 자연철학이라고 불렸지요. 인간과 세계에 대한 근본 원리와 본질을 연구하는 학문이 철학이라면, 자연철학은 어떤 자연현상이 일어나는 근본적인 원인이나 본질적인 원리를 파고들어서 연구하는 학문을 말합니다. 그러니까 옛날에 과학은 철학의 한 분야였던 것이죠.

오늘날 과학자들은 어떤 현상을 철학적으로 설명하려고 하지 않습니다. 그러한 일은 철학자들의 몫이라고 생각하지요. 과학자들은 자연철학에서 철학적인 부분은 제외하고, 자연현상을 있는 그대로 설명하는 데 만족합니다. 이때 수학이라는 학문은 자연을 설명하는 아주 유용한 도구로 작동합니다.

과학은 '왜', 수학은 '어떻게'

지금은 과학을 잘하려면 당연히 수학을 잘해야 한다고 생각하지만, 과학이 언제나 수학과 친했던 것은 아닙니다. 과학과 수학은 아주 오랫동안 서로 완전히 다른 학문으로 여겨졌어요. 철저히 구분되었지요.

자연철학자는 자연현상에 관해 '왜why 그런 현상이 일어나는가?'라는 질문을 던질 수 있는 사람이었어요. 아리스토텔레스가 대표적이었지요. 예를 들어 아리스토텔레스는 물체가 아래로 떨어지는 현상을 보면서 그 이유를 물체가 원래의 자리를 찾아가려는 것이라고 설명했어요. 또 별들이 북극성을 중심으로 하루에 한 바퀴씩 도는 현상을 관찰하고는 별이 도는 이유는 지구가 우주의 중심에 정지해 있기 때문이라고 설명했어요. 이처럼 어떤 자연현상의 근본적인 원인이나 원리를 파고 들어가서 답을 찾는 일은 자연철학자가 맡고 있었어요. 자연철학자들은 수학으로 자연현상의 본질을 알아낼 수 없다고 생각했습니다.

그렇다면 수학자는 어떤 역할을 했을까요? 수학자는 자연철학자와 달리 자연현상에 대해 '그런 현상은 어떻게how 일어나는가?'를 설명하려는 사람이었어요. 예를 들어 갈릴레오는 무거운 물체가 '왜' 떨어지는지는 전혀 관심이 없었습니다. 그 대신 물체가 '어떻게' 떨어지는지를 수학적으로 설명하는 데에만 관심을 가졌죠. 수학자들은 자연철학자와는 달리 수학적으로 계산이 가능한 현상만을 연구 대상으로 삼았어요.

수학으로 자연현상을 설명하려는 시도들

물론 17세기 이전에도 일상에서 관찰할 수 있는 다양한 자연현상을 수학적으로 이해하려던 사람들은 있었습니다. 수학을 이용해 자연의 본질을 설명하려 했던 선구자로는 고대 그리스의 피타고라스를 들 수 있어요. 피타고라스는 만물의 근원이 수數이며 우주와 자연을 이해하는 열쇠가 수학에 있다고 믿었습니다. 이런 사상은 이후 고대 그리스 최고의 철학자인 플라톤에게 큰 영향을 끼쳤지요. 플라톤은

수학으로 자연현상을 설명하려 한 선구자, 피타고라스

수학 중에서도 기하학을 아주 중시했습니다.

수학을 이용해 자연현상의 원리를 밝히려던 인물을 더 살펴보겠습니다. 헬레니즘 시대*의 아르키메데스Archimedes, 기원전 287-212입니다. '유레카(답을 찾았다!)'를 외친 사람으로 유명한 그는 자연을 수학적으로 표현하려고 했지요. 가장 많이 알려진 발견으로는 지렛대의 원리가 있습니다. 두 사람이 시소를 탈 때, 몸무게가 많이 나가는 사람은 시소의 받침점에서 더 가까운 곳에 앉아야 하고, 적게 나가는 사람은 받침점에서 더 먼 곳에 앉아야 한다는 사실은 누구나 알고 있을 것입니다. 이는 받침대에서 멀리 앉아 있기만 하면 가벼운 사람이 무거운 사람을 위로 들어 올릴 수 있다는 말이죠. 이것을 수학적으로 표현하면, 받침점에서 힘을 주는 지점까지의 거리를 길게 할수록 더 적은 힘을 들이고도 무거운 물체를 들어 올릴 수 있다는 의미입니다. 이런 아르키메데스의 발견은 수학적 지식을 이용해 자연현상을 설명하려고 했다는 점에서 매우 의미 있습니다.

헬레니즘 시대에는 기하학을 이용해 지구의 둘레를 계산해 내거나, 지구에서 달까지의 거리 혹은 지구에서 태양까

헬레니즘 시대 ─────────────────────────

알렉산더 대왕이 죽은 기원전 323년부터 146년까지 고대 세계에서 그리스 영향력이 절정에 달한 시대를 말한다.

지의 거리를 계산해 내는 수학자들도 있었습니다. 예를 들어 수학자이자 철학자 에라토스테네스Eratosthenes, 기원전 274-196는 최초로 지구의 둘레를 계산해 낸 것으로 유명합니다. 그는 하지 정오에 알렉산드리아의 우물에 비치는 햇빛의 각도와 알렉산드리아 정남 쪽에 있는 도시 시에나의 우물에 비치는 햇빛의 각도가 서로 다르다는 사실을 이용해, 지구의 둘레를 계산해 냈어요. 에라토스테네스가 계산한 지구의 둘레는 오늘날 우리가 알고 있는 수치와 놀랄 정도로 비슷하답니다.

또 앞서 잠깐 소개했던 아리스타르코스는 태양과 달까지의 거리를 처음 계산해 냈어요. 그 결과 지구에서 태양까지 거리가 지구에서 달까지 거리의 약 19배 정도 된다고 생각했어요. 실제로는 더 차이가 나지만, 그래도 자연철학과 수학을 조화시켜 자연현상을 해석하려고 했다는 점에서 의미를 찾을 수 있습니다.

지구와 달 사이의 거리를 최초로 정확하게 계산한 사람은 천문학자이자 수학자였던 히파르코스Hipparchus, 기원전 190-120였습니다. 히파르코스는 삼각법을 이용해 지구 반지름이 6,311km라고 계산했고, 시차를 이용해 달까지의 거리가 지구 지름의 30배쯤 된다는 것도 알아냈어요. 아리스타르코스보다 상당히 정확해진 수치이죠? 이처럼 헬레니즘 시대에는 수학과 자연철학을 결합하려는 시도들이 꽤 있었답니다.

그런데 중세를 거쳐 르네상스 시기를 지날 때까지 수학과 자연철학은 점점 멀어졌어요. 17세기 이전까지 수학은 자연철학과 별개의 학문이며 동시에 자연철학보다 수준이 낮은 학문으로 폄하되었죠. 갈릴레오가 대학에서 수학 교수로 재직할 때 받았던 월급이 같은 대학 자연철학자보다 매우 적었다는 사실이 하나의 증거라고 할 수 있습니다.

제 가치를 인정받기
시작한 수학

16세기 말 이후 자연을 기술하는 언어로 수학이 주목을 받기 시작합니다. 자연현상을 설명할 때 수학이 아주 유용하다는 사실을 알게 된 것이죠. 특히 갈릴레오는 "자연이라는 책Book of Nature은 수학의 언어로 기술되어 있다"고 했을 만큼 과학에서 수학의 역할을 강조했습니다. 자연 자체가 수학적 언어로 되어 있으니, 자연현상을 간결한 수학식으로 나타낼 수 있어야만 제대로 자연을 이해한 것이라고 믿었던 것입니다. 실제로 갈릴레오뿐만 아니라 코페르니쿠스, 케플러, 뉴턴 같은 16세기에서 17세기의 유명한 과학자들이 모두 수학자였다는 사실은 이 시기에 과학과 수학의 관계가 얼마나 밀접해졌는지를 잘 보여 줍니다. 자연철학자들은 우리 눈으로 관찰되는 자연현상이 추상적인 수학적 원리에 근거하리라고 믿었어요. 이들 덕분에 수학은 점차 자연을 기술하는 중요한 언어로 자리를 잡습니다.

과학과 수학의 관계가 얼마나 밀접해졌는지 알아보기 위해 16세기에서 17세기의 유명한 과학적 발견 두 개만 살펴보겠습니다. 먼저 갈릴레오는 자유낙하 운동을 수학적으로 표현했습니다. 공중에서 물체를 떨어뜨리면 떨어지면서 물체의 속력이 점차 증가한다는 사실은 다 알고 있을 것입니다. 이런 현상을 보고 아리스토텔레스 같은 자연철학자는 '물체가 떨어질 때 왜 속력이 커지는가?'를 궁금해했다면, 갈릴레오는 '물체가 떨어질 때 속력은 어떤 방식으로 증가하는가?'가 궁금했습니다. 자연철학의 목적은 운동 원인이나 목적을 밝혀내는 데 있는 것이 아니라, 운동을 수학적으로 정확하게 나타내는 데 있어야 한다고 생각했던 갈릴레오는 반복된 실험을 통해 자유낙하 법칙을 $S = \frac{1}{2}gt^2$ 이라는 간단한 수학식으로 나타냈습니다. 이 식은 물체가 자유낙하할 때 물체가 떨어진 거리는 중력가속도에 비례하고 낙하한 시간의 제곱에 비례한다는 것을 의미해요.

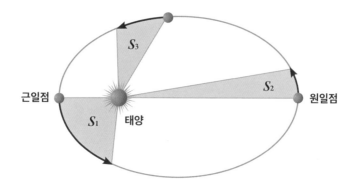

행성은 태양 주변을 공전할 때 같은 시간 동안 같은 면적을(S_1=S_2=S_3) 쓸고 지나간다. 케플러의 면적속도 일정의 법칙은 행성들이 태양 근처(근일점)에서는 공전 속도가 빨라지고 태양에서 먼 곳(원일점)에서는 공전 속도가 느려지는 현상을 잘 설명해 준다.

갈릴레오와 거의 동시대에 활동했던 케플러Johannes Kepler, 1571-1630는 행성의 공전 궤도가 타원 궤도임을 수학적으로 밝혀냈습니다. 갈릴레오처럼 태양 중심 우주 체계를 받아들였는데, 행성이 태양과 가까이 있을 때는 공전 속도가 빨라지고, 태양과 멀어지면 공전 속도가 느려지는 현상 속에 들어 있는 수학적 규칙성을 찾아내고자 했습니다. 케플러의 결론은 행성이 태양 주위를 공전할 때, 일정한 시간 동안 쓸고 지나가는 면적은 항상 같다는 것이었죠. 이것이 케플러의 제2법칙으로 알려진 '면적속도 일정의 법칙'입니다.

수학의 위상을 높인
뉴턴

수학을 이용해 자연현상을 기술한 최고의 자연철학자이자 수학자는 뉴턴Isaac Newton, 1642-1727입니다. 대표작이 1687년에 쓴 《프린키피아》이지요. 과학사에서 가장 위대한 걸작으로 평가받는 책입니다. 이 책의 원래 제목은 《자연철학의 수학적 원리Philosophiæ Naturalis Principia Mathematica》입니다. 뉴턴은 자신이 자연의 본질을 파헤치고 있다고 믿었기 때문에 책의 제목에 '자연철학'이라는 이름을 붙였고, 수학으로 자연현상을 설명하고 싶었기 때문에 '자연철학의 수학적 원리'라고 지은 것이지요.

　《프린키피아》에서 가장 널리 알려진 것이 '만유인력의 법칙'일 거예요. 여기서 만유인력萬有引力, Universal Gravitation은 '질량을 가진 모든 물체는 서로 끌어당긴다'는 뜻입니다. 17세기에 들어서면서 점점 더 많은 사람이 코페르니쿠스의 태양 중심 우주 체계를 지지하고 있었어요. 하지만 행성들이 왜 태양을 중심으로 공전을 하는지, 왜 행성의 공전 궤도는 타원형인지, 왜 행성들이 운동할 때 면적속도 일정의 법칙이 적용되는지 등에 대한 의문은 여전히 풀리지 않고 있었지요. 이 질문들을 해소해 준 것이 바로 만유인력의 법칙입

뉴턴은 당대 사람들이 궁금해하던 행성의 궤도 운동 문제를 만유인력의 법칙으로 설명했다.

니다.

뉴턴은 행성들이 태양을 중심으로 공전하는 이유를 관성과 구심력을 결합해 설명했습니다. 이를 위해 물질이 자신의 상태를 유지하려는 고유한 저항력을 관성, 물체가 어떤 중심점을 향해 움직이도록 이끄는 힘을 구심력 즉, 중력이라고 정의했습니다.

만약 중력이 없다면 행성들은 관성에 의해 직선으로 멀리 날아가 버리겠지요. 외부에서 힘이 작용하지 않으면 행성들은 자신의 운동 상태를 그대로 유지하고자 할 테니까요. 하지만 태양 쪽으로 끌어당기는 중력이 작용하면 행성은 운동 방향을 바꾸게 됩니다. 직선 운동을 하려다 중력에 의해 태양 쪽으로 끌어당겨지면서 방향을 계속 바꾸게 되

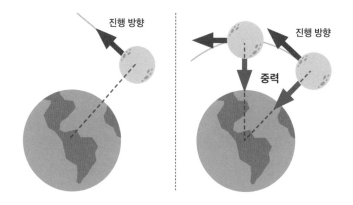

중력이 없다면 달은 관성에 의해 직선 운동을 하면서 날아가 버릴 것이다. 뉴턴은 지구의 중력에 의해 달의 운동 방향이 계속 바뀌면서 궤도운동을 하게 된다고 설명했다.

니, 궤도운동을 할 수 있게 되는 것이지요. 이것을 수학적으로 설명하면, 구심력(F) 때문에 행성이 일정한 가속도(a)를 가지고 태양 쪽으로 방향을 바꾼다고 할 수 있어요. 아리스토텔레스는 천상계에서의 자연스러운 운동, 즉 외부 힘이 작용하지 않는 운동을 등속 원운동이라고 생각했지만, 뉴턴은 원 운동이야말로 힘이 계속 가해지는 운동임을 보여준 것이죠.

뉴턴은 만유인력의 법칙을 토대로, 행성이 태양 주위를 궤도운동을 할 때 왜 궤도가 타원을 그리는지, 왜 태양과 가까울수록 공전 속도가 빨라지고 태양과 멀수록 느려지는지도 수학적으로 증명했습니다. 뉴턴의 결론은 중력의 크기가 태양과 행성 사이 거리의 제곱에 반비례한다는 것이었죠. 이를 보편적인 식으로 나타내면, 과학사에서 가장 유명한 수학식이 만들어집니다.

$$F = G \frac{m_1 \times m_2}{r^2}$$

G : 중력 상수 m_1, m_2 : 두 물체의 질량
r : 두 물체 사이의 거리

뉴턴은 중력이 행성 운동에만 작용하는 것이 아니라고 설명했습니다. 사과 같은 물체를 공중에서 떨어뜨렸을 때 지구 중심 쪽으로 떨어지도록 하는 힘 역시 중력이라고 생각한 것이죠. 아리스토텔레스는 지상계의 운동과 천상계 운동이 서로 다르다고 주장한 반면, 뉴턴은 중력이라는 힘 하나로 모든 것을 설명해 버린 것입니다. 나아가 뉴턴은 밀물과 썰물, 달의 운동, 혜성의 운동 같은 자연현상까지도 중력을 이용해 정확하게 설명했습니다. 이처럼 중력은 지상에서뿐만 아니라 우주의 모든 곳에서 작용하기 때문에, 만유인력의 법칙을 '보편중력의 법칙'이라고 하는 것입니다.

《프린키피아》 덕분에 뉴턴은 당대에 가장 유명한 과학자가 되었지요. 사실 《프린키피아》는 너무 어려워서, 내용을 이해한 사람이 많지 않다고 합니다. 뉴턴 이후 과학과 수학은 더는 분리될 수 없게 되었습니다. 이 무렵부터 과학을 잘하려면 수학을 잘해야 한다는 말이 생긴 것은 아닐까요.

혈액이 순환한다는 사실을
언제부터 알았을까

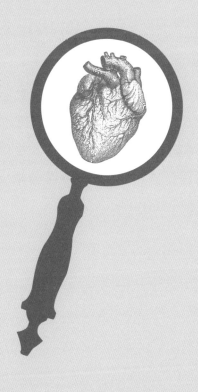

혈액이 우리 몸을 순환한다는 사실을 모르는 사람은 없을 거예요. 혈액 성분은 대부분 골수 안에 있는 줄기세포로부터 만들어진 후 혈관으로 들어가 심장을 거쳐 온몸을 순환합니다. 그 과정에서 혈액은 온몸의 조직 세포에 산소와 영양소를 공급해 주고, 조직 세포의 호흡으로 만들어진 노폐물을 배설 기관으로 운반해 주는 역할을 하지요. 우리 몸속에는 약 4~6리터의 혈액이 들어 있습니다.

정맥과 동맥 피를 다르게 본
갈레노스

혈액이 순환한다는 사실을 안 것은 17세기 들어서입니다. 그 전에는 혈액의 이동에 관해 어떻게 생각했을까요? 갈레노스Claudius Galenus, 129-199 이론을 살펴보면 알 수 있을 것 같습니다. 갈레노스는 2세기부터 17세기까지 무려 1500년간 권위를 누린 대표적인 의사이니까요. 갈레노스는 로마 공동 황제의 주치의로 활동했을 만큼 유명한 의사이자 생리학자였습니다. 생리학자는 생물체의 기능을 연구하는 사람입니다. 생리학은 생물학의 한 분야이기도 하고, 의학의 한 분야이기도 합니다. 노벨생리의학상이 있는 것만 봐도 알 수 있듯이, 생리학은 과학에서 아주 중요한 분야입니다.

갈레노스는 인체의 모든 기관을 서로 연관 지어 설명하는 종합적인 생리학 체계를 만들었습니다. 이 체계를 보통 '3기관 3영혼설'이라고도 합니다. 3기관은 뇌·심장·간이고, 3영혼은 각 기관에 연결된 동물의 영animal spirit·생명의 영vital spirit·자연의 영natural spirit을 의미해요. 동물의 영은 뇌, 생명의 영은 심장, 자연의 영은 간과 연결되어 있다고 생각했습니다.

갈레노스의 생리학 체계에서 첫 번째 체계는 정맥 체계

**혈액 이동에 관해 체계적으로
설명한 갈레노스**

입니다. 정맥 체계는 영양소를 온몸으로 나누어 주는 체계입니다. 우리가 매일 먹은 음식물들은 위와 장을 지나며 소화가 되죠? 갈레노스에 의하면 소화된 영양소들은 장에서 흡수된 다음 모두 간으로 이동하고, 간으로 이동한 영양소들은 간에 있는 자연의 영과 합쳐집니다. 간에서 영양소와 자연의 영이 합쳐지면 피가 만들어집니다. 갈레노스는 이 피를 정맥혈이라고 불렀어요. 왜냐하면, 이 피들이 정맥을 따라 온몸 구석구석으로 이동한다고 생각했기 때문입니다. 갈레노스에 따르면, 이 정맥혈은 항상 몸의 중심부인 간에서 몸의 말단 쪽으로만 이동하고, 말단에서 다시 심장으로 돌아오지는 못합니다. 정맥혈이 온몸에서 사용되어 없어지기 때문이에요. 사람은 먹은 음식물을 소화해 매일 새로운 피를 만들어 내야 한다고 본 것이지요.

두 번째 체계는 동맥 체계입니다. 동맥 체계는 생명의 기운을 온몸으로 나누어 주는 체계예요. 갈레노스에 따르면, 간에서 만들어진 정맥혈 일부는 심장으로 갑니다. 심장으로 이동한 정맥혈은 폐로부터 이동해 온 공기와 만나 동맥

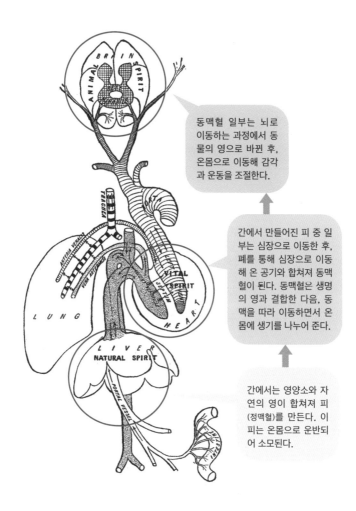

동맥혈 일부는 뇌로 이동하는 과정에서 동물의 영으로 바뀐 후, 온몸으로 이동해 감각과 운동을 조절한다.

간에서 만들어진 피 중 일부는 심장으로 이동한 후, 폐를 통해 심장으로 이동해 온 공기와 합쳐져 동맥혈이 된다. 동맥혈은 생명의 영과 결합한 다음, 동맥을 따라 이동하면서 온몸에 생기를 나누어 준다.

간에서는 영양소와 자연의 영이 합쳐져 피(정맥혈)를 만든다. 이 피는 온몸으로 운반되어 소모된다.

갈레노스의 생리학 체계. 갈레노스는 정맥에 흐르는 피와 동맥에 흐르는 피가 완전히 다르다고 생각했다.

혈을 만듭니다. 이 동맥혈은 생명의 영과 결합한 다음, 동맥을 따라 이동하면서 온몸 구석구석에 생명의 기운이라 불리는 생기를 나누어 주지요. 오늘날 우리는 피가 온몸을 순환하기 때문에 정맥을 지나는 피와 동맥을 지나는 피가 같은 피라는 사실을 알고 있지만, 갈레노스는 동맥을 지나는 피와 정맥을 지나는 피가 완전히 다른 피라고 생각했던 것입니다.

갈레노스 생리학 체계에서 마지막 체계는 신경 체계입니다. 심장에서 나가는 동맥혈 중에서 일부는 뇌로 이동하는데, 이 피는 뇌를 통과하는 동안 점점 정제되어 동물의 영으로 바뀝니다. 이 동물의 영은 신경을 따라 온몸으로 전달되어 감각이나 운동을 조절하고요.

이처럼 갈레노스의 생리학 체계는 정맥 체계, 동맥 체계, 신경 체계가 서로 분리된 체계였어요. 이 체계에서 혈액이 흐르는 방향은 언제나 몸의 말단 방향이었습니다. 정맥혈도 간에서 온몸 말단 쪽으로 이동하고, 동맥혈도 심장에서 온몸 말단 쪽으로 이동하는 것이죠.

지금 우리 지식으로는 말도 안 되는 내용으로 보이지만, 이전 사람들에게 갈레노스의 체계는 아주 그럴듯한 것이었습니다. 우리 몸의 기능을 정교하게 설명했기 때문이지요. 이 때문에 1500년이란 긴 시간 동안 신뢰를 받을 수 있었습니다. 르네상스 시대의 의과 대학에서도 갈레노스의 의학 체계를 가르쳤으니까요. 3기관 3영혼설이 기독교와 이슬람교의 세계관과 잘 맞아떨어진 것도 그의 체계가 오랫동안 받아들여진 이유일 것입니다.

갈레노스 이론을
뒤집은 하비

갈레노스의 체계가 틀렸음을 밝혀낸 사람은 영국의 의사이자 생리학자인 윌리엄 하비William Harvey, 1578-1657입니다. 그 역시 왕의 주치의였습니다. 하비는 정맥으로 나간 피가 매일 소모되어 없어진다는 갈레노스의 생각에 의문을 가집니다. 긴 연구 끝에, 정맥 체계와 동맥 체계는 서로 연결되어 있으며, 동맥을 따라 심장에서 나간 피가 정맥을 따라 다시 심장으로 돌아온다고 주장하게 됩니다. 하비의 이 이론이 오늘날 우리가 알고 있는 '혈액 순환 이론'입니다.

하비는 판막을 보면서 갈레노스 체계에 의문을 품기 시작했습니다. 판막은 심장과 정맥 속에 있는 얇은 막으로, 하비의 스승이었던 유명한 해부학자 히에로니무스 파브리키우스Hieronymus Fabricius, 1537-1619가 발견했습니다. 하비는 판막이 발견되자마자 판막의 중요성을 바로 알아차렸어요. 훗날 하비는 혈액 순환 이론을 증명하기 위해 정맥 속에 철 사를 집어넣으면 심장 방향으로는 잘 들어가지만, 그와 반 대로 말단 방향으로는 잘 들어가지 않는다는 것을 실험으 로 직접 보여 주었습니다. 이는 정맥의 피는 심장 쪽으로만 흐를 수 있다는 의미이지요. 하비의 실험은 간에서 생성된 피가 정맥을 따라 온몸으로 간다는 갈레노스의 이론이 잘못 되었음을 보여 주는 중요한 증거였습니다.

하비는 1628년에 자신의 연구 결과를 담은《동물의 심장 과 혈액의 운동에 관한 해부학적 연구》를 출판했습니다. 혈 액이 순환한다는 이론을 내세운 72쪽 분량의 얇은 책입니 다. 생리학에 혁명적인 변화를 일으킨 명저지요. 하비 주장 의 핵심은 정맥 체계와 동맥 체계가 합쳐져서 하나의 거대 한 순환 체계를 이룬다는 것입니다.

수학과 실험으로 증명된 혈액 순환

《동물의 심장과 혈액의 운동에 관한 해부학적 연구》에서 하비는 혈액이 순환한다는 것을 증명하기 위해 여러 방법을 썼습니다. 이전의 생리학자들과는 전혀 다른 방법이었죠. 당시에는 자연현상을 수학적으로 나타내려고 시도하고, 실험을 통해 지식을 쌓는 방법이 퍼져 나가고 있었습니다. 하비는 혈액 순환에 관한 자신이 주장을 강화하는 데 이 두 방법을 이용했어요.

먼저 하비가 수학을 이용해 혈액 순환을 증명하는 과정을 살펴보겠습니다. 하비는 하루 동안 심장에서 나가는 혈액의 양을 산술적으로 계산해 보여 줌으로써 혈액 순환의 필연성을 강조했습니다. 계산은 아주 단순했는데, 설득력은 상당했습니다. 하비는 심장이 한 번 박동할 때마다 심장에서 피가 7그램 정도 나온다고 가정했어요. 성인용 숟가락으로 한 숟가락 정도 되는 양입니다. 실제로 심장이 한 번 박동할 때 내보내는 피의 양이 60그램에서 70그램 정도 되니까, 하비가 수치를 최소한으로 잡았다는 것을 알 수 있어요. 다음으로 하비는 심장이 30분 동안 약 1000번 정도 뛴다고 가정했습니다. 이 수치 또한 최소한으로 잡은 것입니다. 왜냐하면, 실제로 성인의 1분당 심장박동 수는 70번 정도니까, 30분이면 약 2000번이 되거든요. 30분 동안 1000번 정도 심장이 뛴다고 해도, 심장에서 30분간 나오는 피의 양은 7킬로그램 정도가 됩니다. 이 양을 24시간으로 계산하면, 심장이 하루 동안 내보내는 혈액의 양은 약 300킬로그램입니다. 하비는 매일 먹은 음식물에서 300킬로그램이나 되는 혈액을 새로 만드는 일은 불가능하다는 결론을 내립니다. 한 번 만들어진 혈액이 심장으로 들어갔다가 온몸으로 다시 나간다고 생각하는 것이 더 논리적이었기 때문이지요.

하비는 자신의 혈액 순환 이론을 증명하기 위해 여러 실험을 한 것으로도 유명합니다. 그중 하나가 결찰사 실험입니다. 결찰사는 의사들이 수술할 때 혈관을 묶는 실을 말해요. 하비는 결찰사로 자기 팔의 동맥과 정맥을 모두 묶었습니다. 그러자 팔이 점점 차가워졌고, 결찰사 위쪽에 있는 심장 쪽 동맥이 부풀어 올랐습니다. 심장에서 나온 피가 팔의 끝으로 가지 못했기 때문이지요. 그 다음 동맥을 묶은 결찰사를 풀었더니, 동맥의 아래쪽 정맥이 부풀어 올랐습니다. 이 실험을 통해 하비는 동맥에서 나간 혈액이 정맥으로 이동한다는 것을 보여 줄 수 있었어요.

또 하비는 팔을 묶어서 판막의 존재와 역할을 확인하는 실험을 했습니다. 손등에 파랗게 보이는 혈관인 정맥을 이용했지요. 오른손으로 왼쪽 팔목을 꽉 잡으면 손등의 정맥 여러 부분이 볼록하게 부풀어 오르는데, 그 부분 양쪽에 판막이 있습니다. 하비는 팔을 묶는 방법을 이용해 판막의 역할을 확인했습니다.

조금 더 구체적으로 살펴보면, 하비가 자신의 팔을 끈으

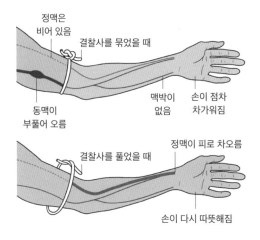

정맥은 비어 있음

결찰사를 묶었을 때

동맥이 부풀어 오름

맥박이 없음

손이 점차 차가워짐

결찰사를 풀었을 때

정맥이 피로 차오름

손이 다시 따뜻해짐

하비의 결찰사 실험. 결찰사로 동맥을 묶으면 손에 피가 흐르지 않다가 결찰사를 풀면 반대편의 정맥이 부풀어 오른다. 이 실험은 동맥의 피가 정맥 속으로 건너갔음을 보여 준다.

로 꽉 묶자 팔에 있는 정맥의 여기저기가 부풀어 올랐습니다. 이때 판막 사이에 있는 피를 손끝 방향으로 밀자, 피가 이동하지 못했습니다. 피를 심장 쪽으로 밀었을 때는 반대로 아주 잘 이동했지요. 이 실험을 통해 하비는 갈레노스 주장과 달리 정맥의 피는 말단이 아닌 심장 쪽으로 향한다는 사실을 보여 주었습니다.

이처럼 하비는 수학과 실험을 통해 인체가 하루에 만들어 내는 혈액의 양을 계산한 후 그 혈액이 심장에서 동맥을 따라 온몸으로 퍼져 나가고, 그 피는 다시 정맥을 따라 심장으로 돌아온다는, 우리가 지금 알고 있는 혈액 순환 이론을 정립한 것입니다.

하비가 혈액 순환 이론을 처음 발표했을 때는 반발이 심했습니다. 비판 중 하나는 '동맥에 있던 피가 어떻게 정맥으로 이동하는가?'였습니다. 하비는 답을 할 수 없었습니다. 왜냐하면, 동맥에 있는 피는 모세혈관을 통해 정맥으로 이동하는데, 당시에는 아직 현미경이 발달하지 않아서 모세혈관을 관찰할 수 없었거든요. 모세혈관의 존재는 하비가 죽고 몇 년 후에 이탈리아의 생물학자이자 의사였던 마르첼로 말피기Marcello Malpighi, 1628-1694가 현미경으로 폐를 관찰하면서 처음 발견했습니다. 그 결과 하비의 혈액 순환 이론은 더 정교하게 수정될 수 있었습니다.

3장

실험하는 근대

산소는 어떻게
발견됐을까

연소란 어떤 물질이 산소와 빠른 속도로 결합하는 현상을 말합니다. 물질이 산소와 결합하는 반응을 산화 반응이라고 하니까, 연소는 산화 반응의 일종인 것이죠.

연소 과정을 제대로 이해하려면 산소라는 기체에 대해 먼저 알아야만 합니다. 과학자들은 연소가 산소와 결합하는 현상이라는 것을 어떤 과정을 거쳐 알아냈을까요?

플로지스톤 이론

18세기 중반 이전까지 과학자들은 산소라는 기체가 있다는 사실 자체를 몰랐습니다. 공기가 단일한 원소라고 생각하고 있었거든요.

18세기 중반 이전의 과학자들은 플로지스톤 이론으로 물질의 연소를 설명했습니다. 플로지스톤 이론이란 모든 가연성 물질에 플로지스톤이라는 입자가 들어 있다는 것인데, 이 이론에 의하면 가연성 물질이 연소할 때 플로지스톤이 밖으로 빠져나가며, 플로지스톤이 모두 빠져나가면 연소가 끝난다고 할 수 있습니다.

예를 들어 나무를 연소시킨다고 생각해 보죠. 플로지스톤 이론에 의하면 나무 속에는 플로지스톤이 아주 많이 들어 있습니다. 그런데 이 나무를 태우면 나무 속에 들어 있던 플로지스톤이 모두 밖으로 빠져나가는 것이지요. 그래서 재만 남는다는 설명입니다.

또 플로지스톤 이론에 의하면, 철을 가열했을 때 녹이 스는 이유는 철 속에 들어 있던 플로지스톤이 모두 공기 중으로 빠져나갔기 때문이에요. 녹이 슬지 않은 철은 표면이 매끈매끈하고, 녹이 슨 철은 표면이 거칠거칠하죠? 당시의 과학자들은 그것도 플로지스톤 때문이라고 생각했어요. 표면이 매끈한 것은 플로지스톤이 많이 들어서고, 거친 것은 플로지스톤이 빠져나가서라고 본 것입니다. 지금의 과학 지식으로는 이해가 안 되는 이론이죠.

그럼, 플로지스톤 이론이 오랫동안 신뢰를 얻은 배경은

산소가 발견되기 전 사람들은 나무가 타서 재가 되거나 녹슨 물건의 표면이 거칠어
지는 이유가 나무나 녹슨 물건 안에 들어 있던 플로지스톤이 밖으로 빠져나갔기 때
문이라고 생각했다.

무엇일까요? 당시 성행하던, 금속을 제련하는 야금술과 관련이 깊습니다. 광산에 있는 철은 순수한 철이 아닌 철광석, 즉 녹이 슨 상태로 존재합니다. 사람들은 플로지스톤을 공급해 주면 녹슨 철이 순수한 철로 바뀔거라 생각하여 플로지스톤이 많은 물체인 석탄을 활용했습니다. 철광석과 석탄을 함께 가열하면, 석탄 속의 플로지스톤이 빠져나가 철광석과 결합하고, 그 결과 순수한 철을 얻을 수 있다고 생각한 것입니다. 지금도 이런 방법으로 순수한 철을 얻어 내고 있긴 합니다.

'플로지스톤 없는 공기'의 발견

그러다 18세기 후반 스코틀랜드의 화학자이자 성직자였던 조지프 프리스틀리Joseph Priestly, 1733-1804가 실험 도중 새로운 어떤 것을 발견하게 됩니다.

1774년 8월, 프리스틀리는 붉은색 수은재(산화수은)를 가열하는 실험을 하고 있었습니다. 대형 렌즈로 빛을 모아 플라스크 안에 들어 있는 수은재를 가열하자, 수은재가 점차 은빛의 수은으로 변했습니다. 플로지스톤 이론에 의하면,

수은재가 수은으로 변했다는 것은 수은재가 플로지스톤과 결합했다는 뜻이죠.

그렇다면 수은재를 수은으로 변화시킨 플로지스톤은 어디에 있던 것일까요? 플라스크 안 공기 속에 들어 있었겠지요. 프리스틀리는 이제 플라스크 안 공기에는 플로지스톤이 없어졌을 것이라고 생각했습니다. 그래서 그 기체를 '플로지스톤 없는 공기'라고 불렀습니다.

그리고 '플로지스톤 없는 공기'의 성질을 확인해 보았습니다. 그 결과 그 기체는 촛불이 잘 타오르게 하고, 쥐가 오랫동안 살 수 있게 해 준다는 사실을 알아냈습니다. 또 이 공기로 숨을 쉬면 숨쉬기가 한결 편해진다는 사실도 알아냈어요. 이 공기가 바로 '산소'입니다. 프리스틀리는 산소를 분리해 낸 것입니다. 하지만 그는 플로지스톤 이론을 받아들이고 있었기 때문에, 자신이 분리한 기체가 '플로지스톤 없는 공기'라고만 굳게 믿었습니다.

'플로지스톤 없는 공기'를 발견하고 약 두 달 후, 프리스틀리는 실험에 필요한 수은을 사기 위해 파리에 갔습니다. 이때 당시 프랑스에서 가장 유명한 화학자였던 라부아지에 Antoine-Laurent Lavoisier, 1743-1794 집에 초대를 받습니다. 라부아지에는 정확한 측정과 엄밀한 실험을 중시했고, '질량 보존의 법칙'을 발견한 것으로 유명하지요.

당시 라부아지에도 프리스틀리처럼 물질의 연소에 관심이 많았습니다. 라부아지에는 정확한 연소 실험을 통해 황과 인을 연소하면 질량이 증가한다는 사실을 알아냈습니다. 라부아지에는 이 실험 결과를 보면서 플로지스톤 이론에 의문을 품습니다. 황과 인이 연소할 때 플로지스톤이 빠져나가면 질량이 감소해야 할 텐데, 오히려 반대로 증가했으니까요.

또 라부아지에는 수은을 가열하면, 수은의 질량은 증가하고 공기의 부피는 줄어든다는 사실을 발견했습니다. 플로지스톤 이론에 의하면, 수은 속에는 수은재와 플로지스톤이 들어 있을 테니, 수은을 가열하면 플로지스톤이 빠져나가면서 수은의 질량은 감소하고 공기의 부피는 증가해야 합니다. 그런데 오히려 그 반대로 공기의 부피가 줄어든 것이죠. 라부아지에는 수은을 가열하면 플로지스톤이 빠져나오는 것이 아니라, 공기 중의 무엇인가가 수은과 결합하는 것일지도 모른다고 생각하기 시작했습니다. 하지만 그 공기의 정체가 무엇인지는 몰랐습니다.

'산소'라고 명명한
라부아지에

그러던 차에 라부아지에는 프리스틀리를 만난 것입니다. 프리스틀리는 라부아지에에게 자신이 발견한 '플로지스톤 없는 공기'에 대해 이야기했습니다. 프리스틀리가 돌아간 후 라부아지에는 자신이 했던 수은 실험을 거꾸로 해 보았습니다. 프리스틀리가 했던 것처럼 수은재를 가열해서 다시 원래의 수은을 만드는 실험을 한 것이죠. 수은재를 가열하자 수은이 생기면서 공기의 부피는 증가했어요.

이 실험 결과를 보고 라부아지에는 플로지스톤 이론이 잘못되었다고 결론 내렸습니다. 수은재를 가열하면 플로지스톤이 와서 결합하는 것이 아니라, 수은재 속에 들어 있던 '어떤 공기'가 밖으로 빠져나간다고 말이지요. 또 수은을 가열하면 플로지스톤이 빠져나가는 것이 아니라 어떤 공기가 수은과 결합하는 것이라고 확신했습니다. 연소에 관한 생각이 완전히 바뀌는 순간이었죠.

라부아지에는 이 '어떤 공기'가 바로 프리스틀리가 말한 '플로지스톤 없는 공기'라고 생각했습니다. 그리고 '플로지스톤 없는 공기'에 '산소oxygen'라는 이름을 붙여 주었어요. 산소는 '산을 생성하는 물질'이라는 뜻입니다. 당시에는 물질이 '어떤 공기'와 결합하면 그 물질이 산성으로 바뀐다고 생각했기 때문에, 이 공기에 산소라는 이름을 붙인 것입니다.

라부아지에는 자신의 새로운 이론을 논문으로 발표했습니다. 연소란 물질 속에 들어 있는 플로지스톤을 방출하는 과정이 아니라, 반대로 물질이 공기 중에 있던 산소와 결합하는 현상이라는 이론이었어요. 이 때문에 황, 은, 수은을 가열하면 질량이 증가하고 공기의 부피는 감소하는 것이라고 주장했지요. 또 철은 플로지스톤이 빠져나가서 녹이 스는 것이 아니라, 반대로 산소와 결합하면서 녹이 스는 것이라고 설명했습니다.

물론 라부아지에의 이론이 처음부터 흔쾌히 받아들여진 것은 아닙니다. 반대 이유[4] 중 하나는 당시 '가연성 공기'라고 불리던 수소의 연소 결과 때문이었어요. 수소를 태우면 아무것도 생기지 않는 것처럼 보였거든요. 수소 연소는 오히려 플로지스톤 이론으로 더 잘 설명할 수 있었습니다. 수소를 태우면 플로지스톤이 전부 빠져나가서 아무것도 남지 않는다고 설명할 수 있었으니까요. 라부아지에는 이러한 반박에 답을 하지 못했습니다.

물 분해 실험

'가연성 공기' 즉 수소의 연소 문제를 해결할 실마리는 프리스틀리가 찾았습니다. 1781년에 프리스틀리는 수소를 보통 공기와 함께 폭발시키는 실험을 했는데, 그 결과 용기 속에 이슬이 촉촉하게 맺힌 것을 보았어요. 하지만 프리스틀리는 이슬의 존재에 크게 신경을 쓰지 않았습니다.

이 실험을 전해 들은 캐번디시Henry Cavendish, 1731-1810도 프리스틀리의 실험을 되풀이했고, 역시 용기 안에 생긴 이슬을 보았습니다. 캐번디시는 '가연성 공기'를 처음 밝혀낸 화학자입니다. 이슬에 주목하지 않았던 프리스틀리와 달리 캐번디시는 이슬의 성질을 조사했습니다. 이슬은 맛도 냄새도 없고 그 어떤 침전물도 남기지 않는 순수한 물이었어요.

1783년, 라부아지에는 캐번디시의 실험 소식을 전해 듣습니다. 그리고 바로 알아채지요. 용기 안에 생긴 물은 '가연성 공기'가 산소와 결합하며 연소한 결과로 생긴 생성물이라는 사실을요. 라부아지에는 이 가연성 공기에 '산소와 결합하여 물을 생성하는 기체'라는 의미로 '수소Hydrogen'라는 이름을 붙입니다. 물은 수소와 산소의 화합물이 된 것이죠.

라부아지에는 자신의 주장을 증명하려고 많은 사람 앞에서 물을 산소와 수소로 분해하는 실험을 했습니다. 뜨겁게

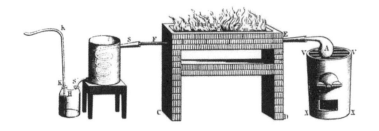

라부아지에의 물 분해 실험

달군 긴 주철관의 한쪽 입구에 물을 붓는 실험이었어요. 고온의 주철관을 통과하는 동안 물은 산소와 수소로 분해되어 산소는 주철관 안쪽의 철과 반응할 것이고, 수소는 주철관의 반대편 입구 쪽으로 나올 것입니다. 반응이 모두 일어나면, 주철관의 무게는 결합한 산소의 양만큼 늘어나겠죠.

실제로 라부아지에가 주철관의 무게 증가량과 포집한 수소의 무게를 더하자 원래 부었던 물과 똑같은 무게가 나왔습니다. 이 실험은 물이 수소와 산소의 결합임을 확인시켜 줬을 뿐만 아니라 연소에 관한 라부아지에의 주장이 매우 설득력 있다는 사실도 잘 보여 주었습니다.

연소가 산소와 결합하는 현상이라는 사실은 이처럼 프리스틀리, 캐번디시, 라부아지에 등 여러 과학자를 거치며 확고한 과학적 사실로 굳어졌습니다. 이들은 물질의 연소를 연구하다 산소의 존재를 확인했고, 수소의 연소를 증명하는 과정에서 물이 산소와 수소의 결합임을 밝혀냈습니다. 엄밀하고 정확한 측정 방법과 반복적인 실험, 그리고 논리적인 추론이 함께 결합돼 도출된 결론이지요.

건전지는 언제
처음 만들어졌을까

전지는 TV 리모컨, 휴대 전화, 컴퓨터 등 각종 전기 제품에 사용됩니다. 심지어 자동차에도 연료전지가 쓰이지요.

전지는 두 전극 사이에 전위차를 발생시켜 전기에너지를 공급하는 장치예요. 물이 높은 곳(위치에너지가 큰 곳)에서 낮은 곳(위치에너지가 작은 곳)으로 떨어지는 것처럼, 전기도 전기적 위치에너지가 큰 쪽에서 작은 쪽으로 이동합니다. 전기적 위치에너지를 전위라고 하고, 두 지점 사이의 전기적 위치에너지 차이를 전위차라고 하지요. 전위차를 다른 말로 전압이라고도 합니다. 두 지점 사이의 높이 차이가 크면 클수록 물이 잘 떨어지는 것처럼 두 극 사이의 전위차가 크면 클수록 전기가 잘 통할 테니, 전위차는 전기가 흐르게 하는 힘이라고 할 수 있어요.

전지는 양극(+), 전해질, 음극(-) 세 부분으로 이루어져 있어요. 전기가 흐른다는 것은 곧 전자가 흐른다는 말입니다. 전자가 이동해야 전기에너지가 발생하죠. 따라서 전지 안에는 전자를 만들어 제공하는 부분이 있어야 하는데, 그 부분이 바로 음극입니다. 보통 음극에는 아연이나 리튬 같은 금속을 사용합니다. 이런 원소들은 쉽게 전자를 내놓고 산화되기 때문이죠. 반면 양극에서는 음극에서 이동해 온 전자를 받아 환원이 일어납니다. 전해질은 두 전극 사이에서 이온 전달을 가능하게 해 주는 물질이고요.

'신비한 유체'의 실체

전지는 기원전 250년경에 처음 사용되었을 것으로 추정하고 있습니다. 오스트리아의 고고학자이자 화가 빌헬름 쾨니히Wilhelm König, 1906-1978가 1932년 이라크 수도 바그다드 근처에서 오래된 전지를 발견했죠. 이 전지는 점토로 만든 항아리 모양이었습니다. 지름 8센티미터, 높이 14센티미터인 이 항아리에는 양극 역할을 하는 구리판과 음극 역할을 하는 철 막대, 그리고 전해질 역할을 하는 포도 식초의 흔적이 남아 있었습니다.

전기에 관한 연구가 본격적으로 시작된 것은 18세기 들어서였습니다. 18세기 중반의 과학자들은 '신비한 유체 subtle fluid'라는 개념을 사용해서 전기, 자기, 열, 빛 등의 현상을 설명했습니다. 예를 들어 뜨거운 물체에서 차가운 물체로 열이 이동하는 현상은 신비한 유체가 옮겨 갔기 때문이라고 생각한 것이지요. 그리고 이 신비한 유체를 '칼로릭'이라고 불렀습니다. 앞에서 살펴본 플로지스톤도 신비한 유체의 일종으로 보았고요.

많은 과학자와 대중은 특히 전기에 관심이 많았습니다. 사람들은 전기 현상을 일으키는 신비한 유체에 매료되었고, 전기 연구를 위해 많은 실험 도구를 만들었어요. 이러한 분위기에서 18세기 중반 네덜란드에서 전기를 모아 두는 장

라이덴 병 덕분에 처음으로 전기를 모아 둘 수 있게 되었다.

치인 축전지storage battery가 처음 발명됩니다. 축전지 이름
이 라이덴 병Leyden jar이었습니다. 라이덴 병의 발명은 획기
적인 사건이었어요. 왜냐하면 이전까지는 전기를 만들려면
물체들을 계속 마찰해야 했거든요.

전류를 발견한
갈바니

18세기 말 이번엔 흐르는 전기인 전류가 발견됩니다. 전류
를 처음 발견한 사람은 이탈리아 볼로냐대학교의 해부학 교
수 갈바니Luigi Aloisio Galvani, 1737-1798입니다. 1791년, 개구
리 해부 실험을 하던 갈바니는 이상한 현상을 발견합니다.
해부용 칼로 개구리의 다리 신경을 건드리면 다리가 경련을
일으키는 동시에 실험 테이블에 놓인 축전기에서 전기 불꽃
이 튀었던 것입니다. 갈바니는 경련이 공기 중에 있는 전기
에 의한 것인지 확인하기 위해 개구리 다리를 구리 고리에
걸어 쇠로 된 격자문에 매답니다. 구리 고리와 쇠가 닿자, 개
구리 다리는 바로 경련을 일으켰습니다. 갈바니는 경련이
일어난 이유가 개구리 다리 근육 속에 들어 있던 '신비한 유
체'가 흘렀기 때문이라고 생각했습니다. 그리고 이 '신비한

〈가족들이 지켜보는 가운
데 정전기 기계로 실험을
하는 갈바니〉, 안토니오
무지Antonio Muzzi 작품

유체', 즉 흐르는 전기를 '동물전기'라고 불렀습니다.

전지를 발명한
볼타

갈바니의 실험은 전 유럽을 퍼졌고, 여러 과학자가 갈바니
의 실험을 따라 했습니다. 이탈리아 파비아대학교에서 물리
학을 가르치던 볼타Alessandro Giuseppe Antonio Anastasio Volta,

1745-1827도 그중 하나였지요. 실험 결과 볼타는 쇠로 된 격자문에 구리 고리를 걸었을 때는 개구리 다리가 경련을 일으키지만, 쇠 격자문에 쇠고리를 걸었을 때는 경련이 일어나지 않는다는 사실을 발견합니다. 서로 다른 금속 사이에서는 경련을 일으키지만, 같은 종류의 금속 사이에서는 경련을 일으키지 않는 것이었죠. 만약 갈바니의 주장대로 전기가 개구리 몸 안에서 나왔다면, 고리와 격자문의 금속이 같은 종류든 다른 종류든 상관없이 다리는 경련을 일으켰을 거예요.

볼타는 전류가 만들어지는 핵심이 '동물전기'가 아니라 서로 접촉한 금속의 종류에 있다고 생각하기 시작합니다. 개구리는 단지 전기가 흐르는 매개체 역할만 했다는 것이죠. 개구리가 전기를 만들어 냈다고 주장하는 갈바니, 개구리는 단지 전기가 통하는 두 금속 사이의 매개체일 뿐이라고 주장하는 볼타. 친구였던 두 사람은 치열하게 논쟁을 벌입니다.

볼타는 자신의 주장을 증명하기 위해 서로 다른 금속을 연결해 전기가 흐를 수 있는 장치를 만들어 냅니다. 구리와 아연, 그리고 소금물에 적신 판지를 순서대로 여러 겹 쌓아 올린 다음, 맨 위쪽의 아연과 맨 아래쪽의 구리를 금속 선으로 연결했습니다. 그러자 진짜로 전류가 만들어졌어요. 이

아연 원판

소금물에 적신 판지

구리 원판

볼타 전지관(왼쪽), 볼타 전지

볼타는 아연과 구리 원판을 이용해 최초로 전지를 만들었다.

장치를 통해 볼타는 전류를 생성하는 데 개구리는 필요하지 않다는 것을 증명했어요. 19세기라는 새 시대가 막 열린 1800년의 일입니다. 볼타가 만든 이 장치가 바로 인류 최초의 전지인 '볼타 전지'예요. 그런데 볼타 전지에는 큰 문제점이 있었습니다. 사용 시간이 짧다는 것이었지요. 과학자들은 전기를 편리하게 오래 사용하기 위해 볼타 전지를 개량하게 되었습니다.

리튬 이온 전지의 시대

그렇다면 오늘날의 건전지는 언제 만들어졌을까요? 1866년, 프랑스의 물리학자이자 공학자 르클랑셰Georges Leclanche, 1839-1882가 현재 우리가 사용하는 전지의 전신인 '르클랑셰 전지'를 발명했습니다. 르클랑셰 전지는 금속 아연(-극)과 탄소봉(+극)으로 이루어졌고, 탄소봉의 전해질은 이산화망간, 금속 아연의 전해질은 염화암모늄이었습니다. 습식 전지였지요. 액체 전해액을 사용했기 때문에, 전해액이 흘러나와 휴대하기 불편하고 관리도 어렵다는 단점이 있었습니다.

20년 후인 1886년, 독일의 과학자 가스너Carl Gasner, 1855-1942가 르클랑셰 전지를 개량해 최초의 건식 전지, 즉 건전지를 만들어 냅니다. 전해액에 석고를 섞어 아연 원통에 채워 버린 것이죠. '아연 탄소 전지'로도 불리는 이 전지는 최초로 상용화된 전지로, 시계·장난감·자동차 열쇠·가스레인지 등 여러 일상 용품에 쓰이고 있습니다. 하지만 문제가 있습니다. 한 번 사용하고 버려야 한다는 점이었죠. 이처럼 한 번만 쓸 수 있는 전지를 1차 전지라고 해요.

그럼, 충전해서 쓸 방법은 없을까요? 충전이 가능한 이러한 전지를 2차 전지라고 합니다. 사실 2차 전지는 20세기 초에 이미 개발되었지만, 1991년 일본 소니사에서 리튬

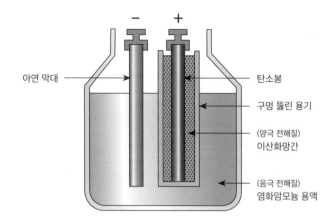

르클랑셰 전지 구조

아연 막대

탄소봉

구멍 뚫린 용기

(양극 전해질)
이산화망간

(음극 전해질)
염화암모늄 용액

이온 전지를 상업화하면서 대중적으로 이용되기 시작했습
니다. 리튬 이온 전지는 리튬 이온이 양극과 음극 사이를 왔
다 갔다 하는 반응을 통해 전기를 충전하거나 방전하는 전
지죠. 즉, 리튬 이온
이 음극에서 양극으
로 이동하면 방전되
고, 양극에서 음극
으로 다시 이동하면
충전되는 식입니다.
1990년대에 휴대 전
화가 등장하면서 리

양극

양극 탄소 막대

이산화망간 + 탄소 분말

염화암모늄 + 석고 분말

음극 아연통

음극

가스너가 만든 최초의 건전지

전기차를 비롯해 스마트폰, 태블릿PC, 노트북, 무선 이어폰 등 많은 물품에 리튬 이온 전지가 들어 있다.

튬 이온 전지가 세계적으로 널리 쓰이게 되었습니다.

요즘 자동차 회사들은 지구 환경을 보호하기 위해 전기차 생산을 늘리려고 하고 있습니다. 전기차에 들어가는 리튬 이온 전지에 대한 관심도 자연스럽게 커지고 있죠. 전지는 생활과 뗄 수 없는 중요한 발명품이라고 할 수 있겠습니다.

주기율표는
우연히 발견되었을까

주기율표는 원소들을 일정한 규칙에 따라 배열한 표입니다. 각 원소의 특성과 원소들 사이의 관계를 한눈에 알 수 있게 하지요.

최초로 주기율표를 만든 사람은 러시아 화학자 멘델레예프Dmitry Ivanovich Mendeleyev, 1834-1907로 알려져 있습니다. 아주 우연히 발견했다고 하지요. 그런데 과연 그럴까요?

원소들 간의 규칙성을
찾으려는 시도들

사실 멘델레예프 이전에도 원소들 사이의 규칙성을 찾아내려고 시도한 과학자는 많이 있었습니다. 이들 중 최초를 꼽자면 앞서 소개했던 프랑스 화학자 라부아지에입니다. 라부아지에가 활동하던 18세기에는 알려진 원소의 수가 33종이었습니다. 라부아지에는 '지금까지 어떤 방법으로도 분해할 수 없었던 모든 물질'을 '원소'라고 정의하고, 이 33종을 크게 기체, 비금속, 금속, 산화물 4종류로 분류했습니다. 물론 이 분류는 잘못된 점이 많았어요. 라부아지에는 빛과 열을 원소라고 생각해서 기체 그룹에 넣었고, 생석회나 산화바륨 같은 화합물도 원소라고 생각했거든요. 하지만 원소를 정의하고 원소를 일정한 규칙에 따라 분류했다는 점에서 라부아지에의 시도는 큰 의미가 있습니다.

19세기에 들어서면서 과학자들은 더 많은 원소를 발견하거나 분리했습니다. 영국의 화학자 험프리 데이비Humphry Davy, 1778-1829는 막 발명된 볼타 전지를 이용해 칼륨을 분리해 내고, 같은 해에 나트륨도 분리해 냅니다. 1817년에 스웨덴의 화학자 옌스 야코브 베르셀리우스Jöns Jakob Berzelius, 1779-1848가 분리한 리튬은 그동안 알려지지 않았던 새로운 원소였지요.

화학자들은 리튬, 나트륨, 칼륨이 모두 은백색 금속이고 전기가 잘 통하며 물과 격렬하게 반응한다는 사실을 알아냅니다. 이 원소들의 화학적 성질이 모두 비슷했던 것이죠. 이렇게 성질이 비슷한 원소들이 새롭게 발견되거나 분리되면서, 과학자들은 원소들 사이의 관계를 설명할 수 있는 어떤 규칙성이 분명히 있다고 생각하기 시작했습니다.

원자와 원자량

19세기의 또 다른 특징은 원자와 원자량 개념이 등장했다는 점입니다. 원자론은 모든 물질은 더는 쪼개질 수 없는 작은 알갱이인 원자들이 합쳐져 만들어진다는 이론인데, 이를 처음 주장한 사람은 고대 그리스 철학자 레우키포스Leucippus, 기원전 5세기경와 그의 제자 데모크리토스Democritus, 기원전 460-380입니다. 이들의 원자론은 오랫동안 주목을 받지 못하다가 19세기에 들어 존 돌턴John Dalton, 1766-1844에 의해[5] 비로소 하나의 과학 이론으로 정립됩니다.

영국의 기상학자이자 화학자였던 돌턴은 대기를 구성하는 기체 입자들의 움직임과 기압을 연구하면서 기체들이 입자로 구성되어 있다는 생각에 이르렀습니다. 그리고 1803년, 모든 물질은 '원자'라는 작은 입자로 이루어져 있고, 서로 다른 원소는 서로 다른 원자로 구성되어 있다고 주장합니다. '일정 성분비의 법칙*'을 설명하기 위해, 각 원자는 서로 다른 고유한 질량을 가지고 있다고 가정한 돌턴은 가장 가벼운 원소인 수소의 원자량을 1로 정하고, 이를 기준으로 다른 원소들의 원자량을 결정했어요. 물질이 수소와 결합하는 질량의 비율에 따라 원자량을 정한 것이죠.

그러자 원자량을 바탕으로 원소들 사이의 규칙성을 찾으려는 화학자들이 등장합니다. 그중 한 사람이 독일의 화학자 되베라이너Johann Wolfgang Döbereiner, 1780-1849입니다. 되베라이너는 화학적 성질이 비슷한 세 원소의 원자량 사이에 일정한 규칙성이 있다는 사실을 알아냅니다. 이를 '세 쌍 원소설'이라고 하죠. 첫 번째 쌍은 리튬·나트륨·칼륨이고 두 번째 쌍은 칼슘·스트론튬·바륨 그리고 세 번째 쌍은 염소·브로민·아이오다인입니다. 첫 번째 쌍으로 예를 들면, 성질이 비슷한 리튬과 칼륨의 원자량을 더한 다음 2로 나누면 나트륨의 원자량과 같아져요. 이러한 규칙성은 나머지 두 쌍에도 그대로 적용되었습니다.

하지만 되베라이너의 발견은 당시에는 크게 인정을 받지 못했습니다. 많은 화학자가 그저 우연의 일치였을 뿐이라고

일정 성분비의 법칙 ————————————

어떤 화학 반응이 일어날 때 반응물과 생성물 사이에 항상 일정한 질량비가 성립한다는 법칙이다. 18세기 프랑스 화학자이자 약학자인 조제프 루이 프루스트 Joseph Louis Proust가 발견했다.

원소 이름	리튬	나트륨	칼륨
원소 성질			
원자량	7	23	39
원자량 사이의 관계	$\frac{\text{리튬 원자량} + \text{칼륨 원자량}}{2} = \frac{7+39}{2} = 23(\text{나트륨 원자량})$		

생각했거든요.

원자량을 이용해 원소들을 분류하려는 시도는 계속되었습니다. 영국의 화학자 뉴랜즈John Alexander Reina Newlands, 1837–1898는 당시까지 알려진 56개의 원소를 원자량 순서대로 배열해 아주 중요한 규칙성을 찾아냅니다. 원자량이 증가하는 순서대로 원소를 나열하면 8번째 원소마다 화학적 성질이 비슷한 원소가 반복해서 나타난다는 사실이었어요. 예를 들어 원자량이 3인 리튬을 기점으로 원소들을 원자량 순서대로 나열했을 때 8번째에 오는 원소가 나트륨인데, 나트륨은 화학적 성질이 리튬과 매우 비슷합니다. 또, 원자량이 10인 마그네슘에서 출발해 원소들을 원자량 순서대로 배열하면 마그네슘과 화학적 성질이 비슷한 칼슘이 8번째로 옵니다. 뉴랜즈의 연구는 원소들의 화학적 성질이 주기성을 가지고 있음을 명확하게 보여 주었습니다. 그가 밝혀 낸 원소들 사이의 주기성을 음악의 옥타브에 비유해 '옥타브 법칙Law of Octaves'이라고도 합니다.

교과서에는 잘 등장하지 않지만, 1860년대에는 뉴랜즈 이외에도 많은 화학자가 원자량을 이용해 원소들 사이의 주기성을 찾아냈습니다. 영국의 윌리엄 오들링William Odling, 1829-1921, 미국의 구스타부스 힌리치스Gustavus Detlef Hinrichs, 1836-1923, 독일의 율리우스 마이어Julius Lothar Meyer, 1830-1895 등이 대표적이지요. 특히 마이어는 멘델레예프보다 먼저 주기율표를 만든 것으로 유명합니다. 단지 멘델레예프보다 1년 늦게 발표한 것뿐이죠.

최초로 주기율표를 만든 멘델레예프

그런데도 멘델레예프가 최초로 주기율표를 만든 사람으로 인정받는 이유는 주기성을 근거로 새로운 원소 발견 가능성을 예측하게 했기 때문입니다. 러시아의 상트페테르부르크 대학교에서 화학을 가르치던 멘델레예프는 화학적 지식을 체계화할 방법을 진지하게 고민하던 화학자였습니다. 그중

〈멘델레예프 초상화Portrait of Dmitry Ivanovich Mendeleyev〉, 이반 크람스코이Ivan Kramskoi 작품

에서도 '원소들을 어떻게 체계적으로 분류할 것인가'에 대해 고민했어요. 이 문제를 해결하기 위해 멘델레예프는 원소의 성질과 원자량을 적은 원소 카드를 만들어서 이리저리 배치해 보았습니다. 그는 원자량의 크기가 원소의 성질을 결정한다고 생각해 당시까지 알려진 63개의 원소를 원자량 크기에 따라 배치했습니다. 그리고 마침내 1869년에 원소들의 화학적 성질이 주기적으로 반복된다는 사실을 명확히 보여 주는 주기율표를 만들어 냈어요. 1871년에는 훨씬 개선된 주기율표를 내놓았고요.

멘델레예프의 주기율표를 보면, 원소의 주기성을 확고하게 믿고 있음을 알 수 있습니다. 주기율표에서 같은 세로줄에 있는 원소들은 화학적 성질이 서로 같습니다. 따라서 다음에 배치할 원소가 화학적 성질이 다를 때는 그냥 빈칸으로 남겨 놓았습니다. 그래야 원소들의 주기성이 더 잘 드러나기 때문이지요.

예를 들어, 표에서 빨갛게 표시한 빈칸에는 원자량이 각각 68, 72가 되는 원자가 와야 한다는 것입니다. 그 원소의 성질은 각각 같은 세로 줄에 있는 알루미늄, 규소와 비슷할 것이고요. 그로부터 약 4년 뒤인 1875년에 원자량 69.723인 갈륨이, 그리고 1886년에는 원자량 72.630인 게르마늄이 발견되어 빈칸을 메우게 됩니다. 이처럼 멘델레예프의

SERIES.	GROUP I. R_2O.	GROUP II. RO.	GROUP III. R_2O_3.	GROUP IV. RH_4. RO_2.	GROUP V. RH_3. R_2O_5.	GROUP VI. RH_2. RO_3.	GROUP VII. R H. R_2O_7.	GROUP VIII. RO_4.
1.........	H=1							
2.........	Li=7	Be=9.4	B=11	C=12	N=14	O=16	F=19	
3.........	Na=23	Mg=24	Al=27.3	Si=28	P=31	S=32	Cl=35.5	
4.........	K=39	Ca=40	—=44	Ti=48	V=51	Cr=52	Mn=55	Fe=56, Co=59 Ni=59, Cu=63
5.........	(Cu=63)	Zn=65	—=68	—=72	As=75	Se=78	Br=80	
6.........	Rb=85	Sr=87	? Y=88	Zr=90	Nb=94	Mo=96	—=100	Ru=104, Pd=104 Pd=106, Ag=10
7.........	(Ag=108)	Cd=112	In=113	Sn=118	Sb=122	Te=125	I=127	
8.........	Cs=133	Ba=137	? Di=138	? Ce=140	......	......		......
9.........	......	......						
10.........	......	......	? Er=178	? La=180	Ta=182	W=134		Os=195, Ir=197 Pt=198, Au=19
11.........	(Au=199)	Hg=200	Tl=204	Pb=207	Bi=208	......	......	
12.........	......	......		Th=231	......	U=240	......	......

멘델레예프가 1871년에 발표한 주기율표

주기율표가 정확하다는 사실이 속속 증명되면서 멘델레예프 주기율표는 점차 수용될 수 있었습니다.

멘델레예프 주기율표 덕분에 과학자들은 원소들 사이의 관계성을 체계적으로 이해할 수 있게 되었습니다. 하지만 원소들이 점점 더 많이 발견되면서 문제점들이 드러나기 시작했습니다. 원자량 순서와 원소들의 화학적 성질이 일치하지 않는 경우들이 나타난 것이죠. 예를 들어, 니켈과 코발트의 원자량은 각각 58.6934와 58.933인데, 원자량으로 보면 코발트가 니켈보다 더 뒤에 배치되어야 합니다. 하지만 니켈을 코발트 뒤에 두면 원소들의 화학적 성질에 관한 규칙성이 잘 들어맞지 않았습니다. 텔루륨(원자량 127.6)과 아이오딘(원자량 126.9) 경우에도 그랬고요.

원자량이 아니라
원자핵의 전하량

이 문제는 20세기 들어 해결됩니다. 원자 구조를 알게 되면
서지요. 1895년에 독일의 물리학자 뢴트겐Wilhelm Conrad
Röntgen, 1845-1923이 X선을 발견하고, 1897년에는 영국의
물리학자 톰슨Joseph John Thomson, 1856-1940이 전자를 발견
합니다. 이를 토대로 과학자들은 원자를 구성하는 입자에
대해 본격적으로 연구하기 시작합니다. 이런 연구 흐름 속
에서 1911년, 뉴질랜드 출신의 영국 물리학자 어니스트 러
더퍼드Ernest Rutherford, 1871-1937가 원자의 중심에 원자 질
량의 대부분을 차지하는 원자핵이 있고, 이 원자핵은 양전
하(+)를 띤다는 사실을 알아냈습니다. 한 달 후에는 네덜란
드의 아마추어 물리학자 브록Antonius Johannes van den Broeck,
1851-1932이 주기율표에서 원소의 위치를 결정하는 것은 원
자량이 아니라 원자핵의 전하량이라는 놀라운 주장을 하죠.
    브록의 가설을 실제로 증명한 사람은 영국의 젊은 물
리학자 모즐리Henry Gwyn Jeffreys Moseley, 1887-1915입니다.
1913년에 모즐리는 금속 원자들이 방출하는 X선을 측정하
여, 원자핵의 전하량이 커질수록 각 원소가 내보내는 X선의
파장이 짧아진다는 사실을 알아냅니다. 즉 원자핵의 전하량

표 준 주 기 율 표
Periodic Table of the Elements

표기법:
원자 번호
기호
원소명(국문)
원소명(영문)
일반 원자량
표준 원자량

1																	18
1 H 수소 hydrogen 1.008 [1.0078, 1.0082]	2											13	14	15	16	17	**2 He** 헬륨 helium 4.0026
3 Li 리튬 lithium 6.94 [6.938, 6.997]	**4 Be** 베릴륨 beryllium 9.0122											**5 B** 붕소 boron 10.81 [10.806, 10.821]	**6 C** 탄소 carbon 12.011 [12.009, 12.012]	**7 N** 질소 nitrogen 14.007 [14.006, 14.008]	**8 O** 산소 oxygen 15.999 [15.999, 16.000]	**9 F** 플루오린 fluorine 18.998	**10 Ne** 네온 neon 20.180
11 Na 소듐 sodium 22.990	**12 Mg** 마그네슘 magnesium 24.305 [24.304, 24.307]	3	4	5	6	7	8	9	10	11	12	**13 Al** 알루미늄 aluminium 26.982	**14 Si** 규소 silicon 28.085 [28.084, 28.086]	**15 P** 인 phosphorus 30.974	**16 S** 황 sulfur 32.06 [32.059, 32.076]	**17 Cl** 염소 chlorine 35.45 [35.446, 35.457]	**18 Ar** 아르곤 argon 39.95 [39.792, 39.963]
19 K 포타슘 potassium 39.098	**20 Ca** 칼슘 calcium 40.078(4)	**21 Sc** 스칸듐 scandium 44.956	**22 Ti** 타이타늄 titanium 47.867	**23 V** 바나듐 vanadium 50.942	**24 Cr** 크로뮴 chromium 51.996	**25 Mn** 망가니즈 manganese 54.938	**26 Fe** 철 iron 55.845(2)	**27 Co** 코발트 cobalt 58.933	**28 Ni** 니켈 nickel 58.693	**29 Cu** 구리 copper 63.546(3)	**30 Zn** 아연 zinc 65.38(2)	**31 Ga** 갈륨 gallium 69.723	**32 Ge** 저마늄 germanium 72.630(8)	**33 As** 비소 arsenic 74.922	**34 Se** 셀레늄 selenium 78.971(8)	**35 Br** 브로민 bromine 79.904 [79.901, 79.907]	**36 Kr** 크립톤 krypton 83.798(2)
37 Rb 루비듐 rubidium 85.468	**38 Sr** 스트론튬 strontium 87.62	**39 Y** 이트륨 yttrium 88.906	**40 Zr** 지르코늄 zirconium 91.224(2)	**41 Nb** 나이오븀 niobium 92.906	**42 Mo** 몰리브데넘 molybdenum 95.95	**43 Tc** 테크네튬 technetium	**44 Ru** 루테늄 ruthenium 101.07(2)	**45 Rh** 로듐 rhodium 102.91	**46 Pd** 팔라듐 palladium 106.42	**47 Ag** 은 silver 107.87	**48 Cd** 카드뮴 cadmium 112.41	**49 In** 인듐 indium 114.82	**50 Sn** 주석 tin 118.71	**51 Sb** 안티모니 antimony 121.76	**52 Te** 텔루륨 tellurium 127.60(3)	**53 I** 아이오딘 iodine 126.90	**54 Xe** 제논 xenon 131.29
55 Cs 세슘 caesium 132.91	**56 Ba** 바륨 barium 137.33	57-71 란타넘족 lanthanoids	**72 Hf** 하프늄 hafnium 178.49(2)	**73 Ta** 탄탈럼 tantalum 180.95	**74 W** 텅스텐 tungsten 183.84	**75 Re** 레늄 rhenium 186.21	**76 Os** 오스뮴 osmium 190.23(3)	**77 Ir** 이리듐 iridium 192.22	**78 Pt** 백금 platinum 195.08	**79 Au** 금 gold 196.97	**80 Hg** 수은 mercury 200.59	**81 Tl** 탈륨 thallium 204.38 [204.38, 204.39]	**82 Pb** 납 lead 207.2	**83 Bi** 비스무트 bismuth 208.98	**84 Po** 폴로늄 polonium	**85 At** 아스타틴 astatine	**86 Rn** 라돈 radon
87 Fr 프랑슘 francium	**88 Ra** 라듐 radium	89-103 악티늄족 actinoids	**104 Rf** 러더포듐 rutherfordium	**105 Db** 더브늄 dubnium	**106 Sg** 시보귬 seaborgium	**107 Bh** 보륨 bohrium	**108 Hs** 하슘 hassium	**109 Mt** 마이트너륨 meitnerium	**110 Ds** 다름슈타튬 darmstadtium	**111 Rg** 뢴트게늄 roentgenium	**112 Cn** 코페르니슘 copernicium	**113 Nh** 니호늄 nihonium	**114 Fl** 플레로븀 flerovium	**115 Mc** 모스코븀 moscovium	**116 Lv** 리버모륨 livermorium	**117 Ts** 테네신 tennessine	**118 Og** 오가네손 oganesson

57	58	59	60	61	62	63	64	65	66	67	68	69	70	71
La 란타넘 lanthanum 138.91	**Ce** 세륨 cerium 140.12	**Pr** 프라세오디뮴 praseodymium 140.91	**Nd** 네오디뮴 neodymium 144.24	**Pm** 프로메튬 promethium	**Sm** 사마륨 samarium 150.36(2)	**Eu** 유로퓸 europium 151.96	**Gd** 가돌리늄 gadolinium 157.25(3)	**Tb** 터븀 terbium 158.93	**Dy** 디스프로슘 dysprosium 162.50	**Ho** 홀뮴 holmium 164.93	**Er** 어븀 erbium 167.26	**Tm** 툴륨 thulium 168.93	**Yb** 이터븀 ytterbium 173.05	**Lu** 루테튬 lutetium 174.97

89	90	91	92	93	94	95	96	97	98	99	100	101	102	103
Ac 악티늄 actinium	**Th** 토륨 thorium 232.04	**Pa** 프로탁티늄 protactinium 231.04	**U** 우라늄 uranium 238.03	**Np** 넵투늄 neptunium	**Pu** 플루토늄 plutonium	**Am** 아메리슘 americium	**Cm** 퀴륨 curium	**Bk** 버클륨 berkelium	**Cf** 캘리포늄 californium	**Es** 아인슈타이늄 einsteinium	**Fm** 페르뮴 fermium	**Md** 멘델레븀 mendelevium	**No** 노벨륨 nobelium	**Lr** 로렌슘 lawrencium

오늘날의 주기율표

이 커질수록 원소에서 방출되는 X선의 진동수가 일정한 비율로 증가한다는 사실을 알아낸 것이죠. 이는 주기율표에서 원소들의 번호는 원자핵의 전하량에 따라 결정하는 것이 더 정확함을 의미했어요.

지금 우리가 보는 주기율표는 모즐리 이론을 따른 것입니다. 모즐리가 제안한 방식으로 원소들의 순서를 정했더니, 그동안 해결하지 못했던 문제점들이 잘 해결되었습니다. 예를 들어, 코발트는 니켈보다 원자량은 더 크지만 원자핵의 전하량*이 더 작아 니켈 앞쪽에 배치되는 것이지요.

지금의 주기율표가 만들어지는 데 가장 중요한 역할을 한 사람을 꼽으라면, 보통 멘델레예프와 모즐리를 말합니다. 하지만 그 뒤에 아주 많은 과학자의 노력이 있었음을 기억하면 좋겠습니다. 주기율표는 우연의 산물이 아니라 많은 과학자가 노력한 결과물이 쌓이고 발전하면서 만들어진 것이니까요.

원자핵의 전하량

원자핵은 양성자와 중성자로 이루어져 있다. 원자핵의 전하량은 양성자 수에 따라 결정된다. 양성자 수가 곧 원자 번호다.

공룡은 어떻게
지금의 모습이 되었을까

1993년에 개봉한 영화 〈쥬라기 공원〉에는 티라노사우루스 렉스, 벨로시랩터, 딜로포사우루스, 브라키오사우루스, 트리케라톱스 등의 공룡이 등장합니다. 공룡의 피를 빨아먹은 모기가 호박 속에 갇힌 채 화석이 되었는데 현대의 과학자들이 이 모기의 내장에 있던 피에서 공룡 DNA를 추출한 후, 이를 양서류의 DNA와 결합하는 방식으로 이 공룡들을 부화시킵니다. 사실 영화에 등장하는 공룡 대부분은 쥐라기가 아닌 백악기에 살았었습니다.

이상한 화석들

그런데 공룡이라는 개념은 언제 처음 등장했을까요?

19세기 초 유럽 여러 곳에서 거대한 화석들이 발견되었습니다. 특히 영국에서 이구아노돈과 메갈로사우루스 화석이 발견되면서 본격적으로 화석 연구를 시작하지요.

이구아노돈 화석을 발견한 사람은 왕진 의사이자 아마추어 고생물학자였던 맨텔Gideon Mantell, 1790-1852이었어요. 이구아노돈은 이구아나의 이빨을 뜻합니다. 사실 이빨 화석을 처음 발견한 사람은 맨텔의 부인 메리 앤Mary Ann이었어요. 두 사람이 함께 왕진을 갔는데, 남편이 진료를 보는 동안 집 주변을 산책하다 발견한 것이죠. 도로 보수 공사를 위해 파헤친 돌 무더기 속에서 말이지요.

맨텔은 이 이빨 화석이 중생대 지층에서 발견되었다는 점, 이구아나의 이빨을 닮았다는 점, 이구아나 이빨보다 20배나 더 크다는 사실을 확인합니다. 그리고 3년 후인 1825년에 발표한 논문에서 이 새로운 초식동물을 이구아노돈이라고 소개하지요. 물론 이 이구아노돈의 모습은 오늘날 우리가 알고 있는 이구아노돈의 모습과는 상당히 다릅니다. 맨텔은 이구아노돈을 발을 땅에 질질 끌고 코에 뿔이 나 있는 도마뱀으로 묘사했거든요. 맨텔은 1832년에 힐라이오사

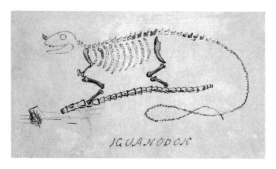

맨텔이 상상한 이구아노돈(왼쪽)과 현재 복원된 이구아노돈 모습

우루스Hylaeosaurus 화석도 발견해 초기 공룡 연구에 큰 공헌을 했습니다.

공룡 뼈 화석을 처음 발견한 사람은 맨텔이지만, 공룡 뼈 화석에 관해 논문으로 먼저 발표한 사람은 영국 지질학회 회장이자 옥스퍼드대학교 지질학 교수 윌리엄 버클랜드Willian Buckland, 1784-1856였습니다. 1824년에 버클랜드는 옥스퍼드 인근에서 거대한 아래턱뼈, 척추뼈, 갈비뼈 화석 일부를 발견했는데, 이 동물이 네 발로 걷는 거대한 파충류였다고 생각하고 이름을 메갈로사우루스Megalosaurus라고 지어 발표했습니다. 거대한 파충류라는 뜻을 가진 메갈로사우루스는 쥐라기 중기에 영국에서 살았던 공룡입니다.

영국의 고생물학자이자 비교해부학자 리처드 오언Richard Owen, 1804-1892은 맨텔과 버클랜드가 발표한 이구아노돈·메갈로사우루스·힐라이오사우루스 화석을 비교, 분석한 결과 이들 화석이 현생 파충류와는 다른 새로운 생물이라고 결론을 내립니다. 1842년, 오언은 이들 화석에 '무서운', '놀라운'을 뜻하는 그리스어 '데이노스deinos'와 도마뱀을 뜻하는 '사우라saura'를 합쳐 '데이노사우리아'라는 이름을 붙였어요. 그리스어인 데이노사우리아를 영어로 바꾸면 우리가 잘 알고 있는 '다이너소어dinosaur'가 됩니다. 공룡이라는 이름이 학계에서 정식으로 인정받게 된 것이죠.

한편 당시 사람들은 공룡을 도마뱀이나 악어, 거북 등의 다른 파충류와 어떻게 구분했을까요? 도마뱀이나 악어, 거북은 다리가 몸 옆에서 직각으로 꺾여 있습니다. 한마디로 다리가 옆으로 벌어져 있는 것이죠. 따라서 배를 땅에 까는 것이 기본자세이고, 걸을 때는 몸통을 좌우로 틀어 엉금엉금 기어다닙니다. 우리나라의 대표적인 공룡학자인 이융남 교수의 설명에 따르면, 이러한 자세를 가진 동물이 거대한 크기로 진화할 수는 없다고 합니다. 몸무게를 지탱하기 위해 많은 에너지를 소비해야 하고, 걸을 때마다 발목 관절의 강한 비틀림을 견뎌 내야 하며, 움직일 때 폐가 압박되어 호흡이 쉽지 않기 때문이지요.

도마뱀, 악어, 거북과 달리 공룡은 다리가 몸통 아래로 곧게 뻗어 내려갑니다. 공룡이 완전한 직립 자세를 할 수 있었음을 의미하죠. 몸을 곧게 세울 수 있었기 때문에 공룡은 호흡도 자유로웠고, 몸도 더 크게 자랄 수 있었던 것입니다.

'공룡 화석 전쟁'이 벌어진 미국

미국에서는 남북 전쟁(1861-1865) 이후에 공룡 화석 연구가 활기를 띠었는데, 두 가지 이유 때문이었다고 볼 수 있습니다. 첫 번째는 공룡을 연구하는 고생물학자들 간의 경쟁심입니다. 그중 코프Edward Drinker Cope, 1840-1897와 마시 Othniel Charles Marsh, 1831-1899는 영원한 라이벌로 알려져 있어요. 화석 발견을 두고 전쟁을 방불케 하는 혈전을 벌였으니까요. 오죽하면 두 사람의 대결을 '공룡 화석 전쟁*'이라

'공룡 화석 전쟁'을 벌인 마시(왼쪽)와 코프

고까지 했겠습니까. 마시는 80종, 코프는 56종의 새로운 공룡 화석을 발굴했다고 합니다. 알로사우루스, 아파토사우루스, 디플로도쿠스, 스테고사우루스 등이 모두 이때 발굴된 것이지요. 두 사람의 치열한 경쟁 덕분에 대중도 공룡에 큰 관심을 갖게 되었다고 합니다.

공룡 화석 연구가 활기를 띤 두 번째 이유는 당시 미국 여러 지역에 자연사 박물관이 세워졌기 때문입니다. 자연사 박물관 측이 박물관에 진열할 공룡 화석을 얻기 위해 화석 탐

공룡 화석 전쟁 ————————————————

경쟁적으로 화석을 사냥하던 이 시기를 영어로는 Bone Wars 또는 Great Dinosaur Rush라고 한다.

빅 퀘스천 과학사

피츠버그 카네기 자연사 박물관에 전시된 티라노사우루스 렉스 화석

사대에 많은 지원을 했습니다. 그 결과 얻은 대표적인 것이 티라노사우루스 렉스 화석입니다. 티라노사우루스 렉스는 가장 유명한 육식 공룡인데, 고생물학자 바넘 브라운Barnum Brown, 1873-1963이 발견했습니다. 그는 20세기 초 미국에서 가장 유명한 공룡 사냥꾼이었습니다. 1902년, 자연사 박물관의 후원을 받고 미국 서부를 탐사하던 중 티라노사우루스 렉스 화석을 발견한 것입니다.

로이 채프먼 앤드류스Roy Chapman Andrews, 1884-1960도 자연사 박물관의 후원을 받고 공룡 연구에 한 획을 긋는 중요한 발견을 합니다. 그는 1920년대에 아시아 탐사대를 이끌고 몽골 고비 사막을 탐험했는데, 이곳에서 수많은 공룡 화석을 찾아냅니다. 원래는 중생대 백악기 중앙아시아 포유류 화석을 찾으려던 것인데, 공룡 화석을 찾아낸 것이죠. 특히 오비랍토르의 알 화석 둥지를 발견함으로써 공룡이 알을 낳는다는 사실이 처음 밝혀집니다.

거대하고 둔한 공룡?

그런데 1900년대 초에 화석을 바탕으로 복원한 공룡은 오늘날 우리가 아는 모습과는 아주 달랐어요. 예를 들어 브론토사우루스* 화석은 마시 팀에서 처음 발견했는데 마시는 브론토사우루스가 멍청하고 느리게 움직이는 파충류stupid, slow moving reptile였다고 발표합니다. 머리와 뇌가 작고 척수가 얇다는 것이 그 이유였죠. 또 스테고사우루스는 앞다리가 도마뱀처럼 옆으로 벌어져 있고, 몸은 바닥에 붙이고 꼬리를 질질 끌면서 이동하는 모습으로 그렸습니다.

티라노사우루스 렉스는 어떻게 그렸을까요? 1905년에 자연사 박물관 관장이던 고생물학자 헨리 페어필드 오스본

브론토사우루스 ————————

브론토사우루스가 아파토사우루스와 같은 종류라고 주장한 고생물학자도 있었지만, 최근에는 둘이 서로 다른 종류의 공룡임이 밝혀졌다.

최초로 소개된 티라노사우루스 렉스 모습(위)과 현대에 복원된 모습

Henry Fairfield Osborn, 1857-1935이 소개한 티라노사우루스 렉스 복원도를 보면, 티라노사우루스 렉스가 몸을 곧게 세운 채 육중한 꼬리를 땅에 질질 끌고 다니는 모습입니다. 이러한 그림들은 공룡이 신진대사율이 낮은 냉혈동물이고, 거대해서 느리고 우둔한 동물이라는 편견을 갖게 했습니다.

다시 그려진 공룡

이런 편견은 1960년 말에 깨집니다. 변화를 이끈 대표적인 고생물학자인 존 오스트롬John Harold Ostrom, 1928-2005은 예일대학교 탐사대를 이끌었던 1964년에 몸집이 작은 육식공룡 화석을 발견합니다. 이 공룡은 마치 새처럼 뼛속이 비어 있고, 수평인 자세를 취하고 있었으며, 시조새의 앞다리뼈와 아주 유사한 낫 모양 발톱을 갖고 있었습니다. 새처럼 깃털도 있었고요.

1969년 오스트롬은 이 화석에 데이노니쿠스Deinonychus라는 이름을 붙여 소개합니다. 데이노니쿠스는 무시무시한 발톱이라는 뜻입니다. 오스트롬은 공룡에 관한 새로운 관점을 제시합니다. 데이노니쿠스가 새의 특성을 가졌다는 점을 근거로, 공룡이 당시까지 알려졌던 것보다 훨씬 더 활동적이고 빠르게 움직이는 동물이었을 것이라고 주장했어요. 또 신진대사율이 높아 온혈동물이었을 가능성이 크며, 새가 공룡에서 진화해 왔으리란 가설도 발표합니다. 오스트롬의 주장은 고생물학자들 사이에서 엄청난 논쟁을 불러일으켰습니다.

이런 논쟁을 잠재운 것은 오스트롬의 제자 로버트 바커 Robert T. Bakker, 1945-였습니다. 1970년대와 1980년대 동안 바커는 새가 공룡의 후손일 뿐만 아니라, 공룡이 무리를 지어 사냥하고 새끼를 돌보았던 지적인 동물이라고 주장했습니다. 또 공룡이 다양한 환경에 적응해 온 온혈동물이며 높은 신진대사율을 통해 많은 열을 만들어 낼 수 있는 활동적인 동물이었다고 끈질기게 주장을 펼쳐 갔습니다. 고생물학자들은 점차 공룡이 도마뱀 종류보다 오히려 새에 더 가까울 수도 있겠다고 생각했고, 공룡들의 자세도 재설계하기 시작했어요.

이후 공룡의 자세가 어떻게 달라졌을까요? 티라노사우루스 렉스는 몸매가 호리호리해졌고, 자세도 수평에 가깝게 바뀌었습니다. 또 땅에 질질 끌고 다니던 꼬리는 뒤로 쭉 뻗어 몸의 균형을 맞추었습니다. 다른 공룡도 마찬가지였어요. 몸이 길고 거대해 물속에서만 느릿느릿 걸었겠거니 했던 아파토사우루스나 브론토사우루스는 육지에서도 걸을 수 있게 묘사되었습니다. 스테고사우루스도 다리가 똑바로 세워졌고 꼬리는 민첩하게 움직여 상대를 공격할 수 있는 형태가 되었지요.

공룡에 관한 이런 새로운 관점이 잘 반영된 영화가 바로 〈쥬라기 공원〉입니다. 이 영화에서 공룡은 지적이고 날렵하지요. 예를 들어 티라노사우루스 렉스는 달리는 자동차를 뒤쫓아갈 만큼 빠릅니다. 벨로시랩터는 아주 날렵하고 무리를 지어 사냥하는 지적인 공룡으로 그려졌고요.

1990년대 들어서는 중국에서 깃털 달린 공룡들이 다수 발견되었습니다. 티라노사우루스 렉스와 비슷한 공룡에서도 깃털 흔적이 발견되었지요. 이는 공룡의 상당수가 깃털을 가지고 있었음을 의미해요. 오늘날 많은 학자는 새가 공룡의 후손이고, 따라서 공룡 그 자체라고 받아들입니다. 이렇게 보면 백악기 말에 대부분 공룡이 사라지기는 했지만, 공룡이 완전히 멸종했다고 말하기는 어려울 것 같네요.

물론 새로운 화석이 발견되면 또 이야기가 달라질지 모르겠습니다. 고생물학은 직접적인 실험을 통해 자료를 얻기보다는 화석을 이용해 과거를 재해석하는 학문이기 때문입니다.

다윈이 멘델을 만났다면
무엇이 달라졌을까

시간이 지나면서 생물은 점차 변합니다. 이러한 변화가 쌓여 새로운 종이 탄생하면서 생물 다양성이 증가하는 현상을 진화라고 합니다. 영국의 자연학자 찰스 다윈Charles Robert Darwin, 1809-1882이 19세기 중반에 진화론을 처음 주장했다고 알고 있는 사람이 많지만, 사실 19세기 초에 이미 대부분의 유럽 지식인은 생물의 진화 가능성을 받아들이고 있었다고 합니다. 그렇다면, 진화론은 어떤 배경에서 등장했을까요?

달라진
지구의 나이

진화론이 등장하려면 진화가 일어날 만큼 지구의 역사가 오래되었다는 인식이 먼저 필요했습니다. 18세기 말부터 발달하기 시작한 지질학은 그러한 시간 개념을 심어 주는 데 중요한 역할을 했지요.

초기 지질학에서는 격변설과 동일과정설로 지구의 역사를 설명했습니다. 격변설은 17세기 후반에 프랑스의 자연학자 조르주 퀴비에Jean Léopold Nicolas Frédéric Cuvier, 1769-1832가 처음 주장한 것으로, 노아의 홍수 같은 '격변'이 여러 차례 반복되면서 지구의 현재 모습이 만들어졌다는 이론입니다. 격변설에 의하면 생물은 격변을 통해 한꺼번에 멸종했다가 다시 창조됩니다. 그 과정에서 생물은 절대 변하지 않지요. 그리고 이 이론에 의하면 현재의 지구와 과거의 지구는 서로 다를 것이므로, 현재를 이해한다고 해서 과거의 역사를 이해할 수는 없을 것입니다.

동일과정설은 1830년대 이후 근대 지질학의 기초가 된 이론입니다. '동일 과정'이라는 말에서 짐작할 수 있듯이 지구는 언제나 비슷한 과정을 거쳐 변화하기 때문에, 현재의 지질학적 변화 과정을 알면 과거의 지질학적 변화 과정도 이해할 수 있다는 논리입니다. 현재의 지구 표면은 오랜 세월 동안 작은 변화가 쌓이고 쌓여 형성된 것이라는 주장이지요. 현재는 과거를 이해할 수 있는 열쇠인 셈입니다. 이 이론은 영국의 지질학자 제임스 허턴James Hutton, 1726-1797과 찰스 라이엘Charles Lyell, 1797-1875이 정립했습니다.

동일과정설로 인해 사람들은 지구의 나이가 최소한 수억 년은 되지 않겠냐고 생각하기 시작합니다. 격변설에 의하면 지구 나이가 몇천 년에 불과했으니, 수억 년은 어마어마하게 긴 시간인 것이지요. 지구 나이가 많아지면서 사람들은 그 시간이면 생물이 조금씩 변하면서 진화가 일어날 수 있지 않았겠느냐며 생각을 확장해 갑니다.

마침 당시에 유럽 곳곳에서 화석도 발견돼 이런 생각은 더 탄력을 받게 됩니다. 생물의 변화를 보여 주는 대표적인 화석이 매머드 화석이에요. 매머드는 현생 코끼리와 매우 비슷했지만, 분명히 다른 특징도 갖고 있었거든요.

동일과정설이 제시한 긴 시간을 생물학에 적용한 대표적인 자연학자가 프랑스의 라마르크Jean-Baptiste Pierre Antoine de Monet, 1744-1829와 영국의 다윈입니다. 두 사람은 생물에 일어난 작은 변화가 오랜 시간 동안 점점 쌓이면서 생물이 진화하고, 결국 새로운 종이 나타날 수 있다고 주장합니다. 물론 둘의 주장은 본질적으로 달랐지만요.

라마르크의
진화론

먼저 라마르크의 진화 이론을 살펴보죠. 라마르크는 파리 식물원에서 무척추 동물학 교수로 일하면서 자신의 진화론을 확립해 나갔습니다. 1809년에 출간한 《동물 철학》에 그의 이론이 자세히 나와 있습니다.

라마르크의 진화론은 보통 '생물 변이설transformism'이라고 하는데, 두 과정을 통해 진화한다고 주장합니다. 첫 번째 과정은 생물들이 무생물에서 자연발생적으로 계속 생겨나고, 시간이 지나면서 점차 진보해 간다는 것입니다.

예를 들어 사다리의 가장 아래쪽 가로대에 어떤 생물 종이 있다고 생각해 보죠. 라마르크에 의하면, 이 생물에서 변화가 계속 일어나면 이 생물 종은 더 위쪽 가로대로 올라갈 수 있어요. 위쪽으로 진보하는 것이죠. 엘리베이터 타는 것과 비교해 볼까요? 두 개의 엘리베이터가 있다면, 먼저 출발한 엘리베이터가 더 먼저 도착하겠죠? 이처럼 더 오래전에 생겨난 생물이 더 많이 진보했을 것이라는 주장입니다.

두 번째 과정은 '획득형질의 유전' 혹은 '용불용설用不用說'입니다. 많이 알려진 말이지요. 이 메커니즘에 따르면, 특정한 환경에 처한 생물은 환경의 압력을 받아 습성이 변하는

라마르크에 의하면, 높은 곳의 나뭇잎을 뜯어 먹으려다 기린 목이 길어졌고, 길어진 목이 자손에게 유전된다고 할 수 있다.

데, 특히 특정한 부위를 반복해서 더 많이 사용하거나 덜 사용하게 됩니다. 그로 인해 더 많이 사용한 부분은 더 발달하고, 적게 사용한 부분은 덜 발달합니다. 만약 발달한 특성을 가진 부모가 자손을 낳으면, 그 발달한 특성이 자손에게로 전달되면서 진화가 일어난다고 라마르크는 설명했습니다.

라마르크의 '획득형질의 유전'을 설명할 때 가장 많이 등장하는 예가 기린의 목입니다. 라마르크 자신은 기린의 목 이야기를 전혀 하지 않았지만 말입니다. 이 예는, 기린은 원래 목이 짧았는데 높은 곳에 있는 나뭇잎을 먹으려고 목을 늘이다 보니 목이 길어졌고, 이렇게 변화된 형질이 세대를 거듭해 유전되면서 목이 점차 길어졌다는 주장이지요. 또 다른 예로 타조를 들 수 있는데, 타조의 경우에는 자신의 천적인 공룡이 없어진 이후 날개를 쓸 이유가 사라져서 날지 못하는 새가 되었다는 설명입니다.

라마르크의 이론은 지구에 생물이 출현한 순서대로 배열했을 때, 시간이 지나면서 점점 더 복잡한 생물이 등장하는 현상을 잘 설명했을 뿐 아니라, 비슷한 생물들이 환경에 따라 다양하게 달라지는 현상도 납득할 수 있게 설명을 했습니다. 그래서 19세기 내내 폭넓은 지지를 받았습니다. 그러다 1930년대 이후 유전학이 발달하면서 외면을 당합니다. 후천적으로 얻은 획득형질은 유전자를 변화시키지 않기 때문에, 획득형질이 자손에게 전달된다는 주장은 잘못되었다고 반박을 받았기 때문입니다.

다윈의
진화론

다윈도 라마르크처럼 작은 변화가 조금씩 쌓여 새로운 종이 출현하는, 큰 변화로 이어진다고 생각했습니다. 진화론을 정립하는 데 찰스 라이엘의 《지질학 원리》의 영향을 크게 받았습니다. 이 책은 동일과정설을 세상에 널리 알린 것으로 유명합니다. 다윈은 지구 표면에서 산이 서서히 올랐다가

침식할 정도면, 새로운 생물이 출현하기에도 충분한 시간이라고 생각했어요.

다윈은 지질학적 지식들을 토대로 자신만의 진화론을 만들어 내는데, 바로 '자연선택에 의한 진화' 이론입니다. 이 진화론을 확립하는 데 비글호 항해 경험이 큰 도움을 주었습니다. 다윈은 1831년부터 1836년까지 약 5년 동안 군함 비글호를 타고 세계를 돌았습니다. 그 기간에 세계 각지의 자연을 탐사했고, 진화론을 정립하는 데 도움을 줄 많은 표본을 채집했습니다. 그중 가장 유명한 표본이 갈라파고스 제도*의 핀치입니다. 다윈은 각 섬의 핀치들 부리 모양이 조금씩 다르다는 사실을 발견했습니다. 처음에는 전부 서로 다른 종인 줄 알았는데, 나중에 유명한 조류학자가 모두 같은 종이란 사실을 알려 주었지요.

핀치의 예를 보면서 다윈은 '적응'이라는 개념을 생각하기 시작합니다. 다윈은 핀치의 다양한 부리 모양은 각 섬의 먹이와 관련 있다고 보았습니다. 먹이를 먹을 수 있는 부리 모양을 가진 새들만이 살아남을 수 있었을 거라고 생각했죠. 갈라파고스 거북의 등딱지 모양도 마찬가지였어요. 건

갈라파고스 제도 ————————

에콰도르 영토다. 19개의 화산섬으로 이루어져 있다. 다윈이 진화론을 발전시키는 데 중요한 자료를 얻은 곳으로 지금은 유명 관광지가 되었다.

큰땅핀치　　　　　　중간땅핀치

그린와블러핀치　　　　작은나무핀치

갈라파고스 제도의 핀치들. 섬마다 부리 모양이 조금씩 다르다.

조한 섬에 사는 거북과 풀이 많은 섬에 사는 거북의 등딱지 모양은 먹이를 먹기 적합한 형태로 서로 다르게 바뀌어 있었거든요. 다윈은 환경에 대한 '적응'이야말로 진화를 일으키는 요인이라고 결론 내립니다.

　그렇다면 환경에는 어떤 과정을 거쳐 적응하는 것일까요? 다윈은 두 가지 개념을 종합해 '자연선택설'이라는 진화 이론을 만들어 냅니다. 하나는 동식물 품종을 개량할 때 원하는 형질만을 선택적으로 교배하는 '인위선택' 개념이고, 다른 하나는 '생존경쟁' 개념입니다.

　자연선택설은 개체들 사이에는 다양한 변이가 나타나는데, 자연은 그중 환경에 가장 잘 적응한 개체를 선택한다는

진화를 서로 다르게 바라본 라마르크(왼쪽)와 다윈

주장입니다. 선택된 개체들은 생존에 유리했던 형질들을 자손에게 물려줍니다. 그러면 자손에게는 다시 다양한 변이가 나타나고, 변이 중에 자연에 잘 적응한 것이 다시 선택되는 것이지요. 이런 과정을 거치면서 점점 더 적응에 유리한 변이를 가진 개체들만 살아남는 것입니다.

라마르크는 시간이 지나면서 생물들이 점차 진보해 간다고 생각했지만, 다윈은 진화가 곧 진보라고 생각하지는 않았습니다. 진화는 진보가 아니라 다양성이 증가하는 과정이라고 생각했습니다. 마치 나무가 가지를 쳐 나가듯이 다양한 변이, 생존경쟁, 자연선택을 통해 다양성이 증가하는 것, 그것이 바로 진화라고 생각한 것이지요. 다윈은 이런 생각을 담아 1859년에 《종의 기원》을 세상에 내놓습니다.

다윈 진화론의 기본 전제는 '다양한 변이'가 나타난다는 점이에요. 그런데 이러한 변이는 어떻게 나타날까요? 또, 자연선택된 형질은 자손에게 어떤 방식으로 전달되는 것일까요? 오스트리아의 작은 도시에서 이 문제를 풀어 줄 연구가 진행되고 있었지만, 다윈은 알지 못했습니다. 이제, 그 연구를 진행한 멘델을 만나 볼 차례입니다.

유전자를 발견한 멘델

멘델Gregor Johann Mendel, 1822-1884은 스물한 살이던 1843년에 오스트리아 브르노에 있는 성 토머스 수도원에 들어갔습니다. 수도사로 있으면서 물리학이나 수학, 식물학 등 다양한 학문을 접했고, 그 과정에서 정교한 실험 방법과 수학적 연구의 중요성도 배웁니다.

이런 지식을 토대로 1854년부터는 완두를 이용한 실험을 시작했습니다. 약 2년에 걸쳐 순종 완두를 골라낸 뒤 본격적인 교배 실험에 들어갑니다.

멘델은 먼저 둥근 완두와 주름진 완두를 교배하기 위해,

자신이 얻어낸 순종의 둥근 완두와 주름진 완두를 땅에 심고 기다립니다. 완두 꽃이 피자 먼저 둥근 완두의 꽃잎을 벌린 다음, 둥근 완두꽃의 수술을 잘라내 버립니다. 그러고는 주름진 완두꽃의 수술에서 꽃가루를 붓에 묻혀서 둥근 완두의 암술에 붙여 줬어요. 시간이 지나자 완두 열매가 맺혔습니다.

멘델은 완두 콩깍지를 열어 어떤 완두가 들어 있는지 확인했습니다. 놀랍게도 잡종 1대는 모두 둥근 모양이었습니다! 분명히 둥근 완두와 주름진 완두를 교배했는데, 자손은 모두 둥근 완두만 나온 것이죠. 중간 형질은 하나도 없었습니다. 왜 둥근 자손만 나온 것일까요? 주름진 형질은 도대체 어디로 간 것일까요?

멘델이 놀란 이유는 당시에 많은 과학자가 받아들이고 있던 혼합 유전 이론 때문입니다. 혼합 유전 이론이란 부모가 자식을 만들 때 부모가 가진 형질이 서로 섞이기 때문에 자손에는 부모의 중간 형질이 나타난다고 생각하던 이론입니다. 빨간 물감과 파란 물감을 섞으면 보라색이 되는 것과 비슷한 원리지요. 멘델의 실험은 부모의 형질이 서로 섞이는 것이 아니라 부모 중 한쪽의 성질만 자식에게 전해진다는 사실을 보여 주었습니다.

더 놀라운 것은 그 다음번 실험 결과였습니다. 멘델은 잡

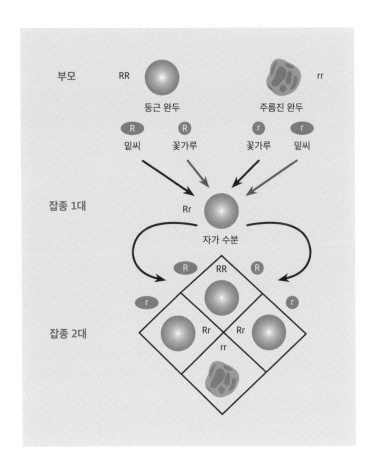

멘델의 완두콩 실험

종 1대의 둥근 완두들끼리 교배시킨 후, 잡종 2대에서 어떤 자손이 만들어지는지 알아보았는데, 다시 주름진 완두가 나타난 것입니다. 주름진 형질은 도대체 어디에 있다가 다시 나타난 것일까요?

이 실험 결과들을 보면서 멘델은 혼합 유전 이론을 완전히 버리고, 자신이 '인자'라고 부른 특별한 입자에 의해 유전이 일어난다고 생각하기 시작합니다. 인자는 지금의 유전자를 말합니다.

멘델은 모든 생물에는 어떤 특성을 결정하는 인자가 반드시 한 쌍씩 있다고 생각했습니다. 한 쌍의 인자 중 하나는 아버지로부터, 다른 하나는 어머니로부터 물려받은 것이지요. 그리고 두 인자가 함께 있을 때, 우세한 인자만 겉으로 나타난다고 생각했습니다. 이 우세한 인자를 우성이라고 불렀고요. 반대로 열세하여 겉으로 드러나지 못하는 인자는 열성이라고 했습니다.

멘델은 8년에 걸쳐 다양한 방식으로 실험을 계속했고, 그 결과 다음과 같은 결론을 도출해 냅니다. 생물의 특성은 인자라는 입자에 의해 결정되고, 인자들은 혼합되지 않아 서로 분리될 수 있을 뿐만 아니라, 여러 인자가 동시에 유전되어도 각 인자는 독립적인 단위로 자식에게 전달된다는 것이었습니다.

끝내 만나지 못한
다윈과 멘델

멘델은 1865년에 연구 결과를 〈식물 잡종에 관한 실험〉이라는 논문으로 출판합니다. 하지만 당시의 반응은 냉담했습니다. 너무 시대를 앞서 간 것이지요.

멘델은 논문을 복사해서 유럽의 유명한 자연학자들에게 보냈는데, 그중에는 다윈도 있었습니다. 하지만 다윈은 우편물을 뜯어보지도 않은 채 서재에 꽂아 두었다고 합니다. 다윈이 멘델의 논문을 읽었다면, 굳건히 자신의 진화론을 밀어붙일 수 있었을지 모르겠습니다.

다윈은 멘델이 논문을 발표하기 6년 전에 진화론을 발표했습니다. 유럽 사회는 진화론에 찬성하는 사람과 반대하는 사람 사이의 논쟁으로 들끓었습니다.

다윈을 공격하던 사람들은 진화가 일어나기 위한 전제인 변이가 어떻게 나타나는지, 자연선택된 형질은 자손에게 어떻게 전달되는지 물었는데, 다윈은 답하지 못했습니다. 다윈이 멘델의 논문을 읽었다면, 변이는 유전 인자에 나타난 변화이고, 자연선택된 형질은 유전 인자의 전달을 통해 자손에게 전해질 수 있다고 답할 수 있었겠지요.

4장

미립자에서 우주까지

과학자들은 눈으로
볼 수 없는 원자의 생김새를
어떻게 알아냈을까

19세기에 들어서면서 물리학자들과 화학자들은 멘델의 유전 인자보다 훨씬 더 작은 입자를 연구하기 시작합니다. 바로 원자atom입니다.

원소와 원자는 무엇이 다를까요? 보통 원소는 종류라고 이야기하고, 원자는 원소의 화학적 성질을 결정하는 단위 입자라고 말합니다. 사람을 예로 들면, 사람이라는 동물 종은 원소에 해당하고, 각각의 사람은 원자에 해당하는 것이죠.

하지만 지름이 약 10^{-10}미터인 원자는 맨눈으로 확인할 수 없을 정도로 아주 작아요. 인간이 맨눈으로 볼 수 있는 가장 작은 크기가 머리카락의 지름 정도인 약 0.1밀리미터라는데, 과학자들은 이보다 훨씬 더 작은 원자의 생김새를 어떻게 알아냈을까요? 원자가 어떻게 생겼는지 실제로 본 사람은 있을까요?

원자론의 선구자,
데모크리토스

원자라는 개념은 고대 그리스에서 처음 등장했습니다. 고대 그리스의 자연철학자들은 '이 세상의 모든 물질은 무엇으로 이루어졌을까? 이 세상의 모든 물질을 구성하는 근본 물질은 무엇일까?'라는 질문에 답하기 위해 노력했어요. 근본 물질이 숫자라고 주장한 철학자도 있고, 물·불·공기·흙이라고 생각한 철학자도 있었습니다.

레우키포스와 그의 제자 데모크리토스는 물질을 계속 쪼개면 마지막에는 더는 쪼개질 수 없는 작은 알갱이가 남는다고 생각했고, 더는 쪼개지지 않는 작은 알갱이에 원자라는 이름을 붙였습니다. 태초의 소용돌이에서 서로 다른 모양과 크기의 원자들이 서로 다른 방식으로 결합해 이 세상의 모든 물질을 만들었다고 생각한 것이지요.

하지만 이들의 원자론은 주목을 끌지 못합니다. 이유는 크게 두 가지입니다. 첫 번째 이유는 고대 그리스에서 원자론은 실험이나 관찰을 통해 얻은 결과물이 아니라 철학적

원자론을 주장한 데모크리토스. 항상 큰 소리로 웃어 별명이 '웃는 철학자'였다.
〈데모크리토스Democritus〉, 헨드리크 테르브뤼헨Hendrick Ter Brugghen 작품

사색의 결과물이었다는 점이에요. 한마디로 원자론을 납득할 만한 근거가 충분하지 않았다는 것입니다. 두 번째는 진공 개념 때문입니다. 원자론자들에 따르면, 이 세상에는 무한한 수의 서로 다른 원자와 원자들 사이의 비어 있는 공간(진공)만이 있을 거예요. 그런데 당시 많은 자연철학자는 진공이라는 개념을 받아들이기 어려워했습니다.

돌턴의 원자론

과학자들이 원자에 다시 주목하기 시작한 것은 18세기 말부터입니다. 영국의 화학자이자 기상학자인 돌턴John Dalton, 1766-1844이 대표적인 연구자였어요.

돌턴은 기상학에 관심을 가지면서 원자에도 관심을 갖게 됩니다. 왜 대기의 기체들은 무게에 따라 층이 나뉘지 않고 함께 섞여 있는 것일까, 바닷물이나 강물이 증발해 만들어진 수증기는 왜 공기를 위로 밀어 올리는 대신 공기와 함께 섞여 있는 것일까 등 돌턴은 계속 질문을 던집니다. 그리고 이렇게 분석합니다. 수증기와 공기는 서로 다른 종류의 입자들로 되어 있고, 공기들 사이에는 비어 있는 공간이 존재하기 때문이라고 말이지요. 완두콩이 가득 들어 있는 병에 좁쌀을 넣으면 좁쌀이 완두콩 사이사이 빈 공간으로 들어가는 것처럼, 증발한 수증기가 공기 입자들 사이의 빈 공간에 들어가 수증기와 공기가 서로 섞일 수 있다고 생각한 것입니다.

공기 입자에 대한 돌턴의 생각은 대기의 압력에 관한 연구로 이어집니다. 1801년, 돌턴은 수증기와 건조한 공기를 섞는 실험을 합니다. 그리고 기압을 측정했더니 전체 공기의 압력은 수증기의 압력과 건조한 공기의 압력을 합친 것과 같게 나왔습니다. 예를 들어 1리터 부피에 1기압인 수증기와 1리터 부피에 1기압인 건조한 공기를 합치면, 부피는 1리터가 되고 기압은 2기압이 됐던 것이죠. 다른 기체로 실험을 해 봐도 마찬가지였습니다. 결국 돌턴은 특정 온도에서 특정 부피를 가진 혼합 기체의 총 압력은 각 기체의 압력을 더한 값과 같다는 결론을 내립니다. 이것이 '돌턴의 분압법칙'입니다. 분압 법칙은 기체가 질량과 크기가 서로 다른 여러 종류의 입자로 이루어져 있다는 돌턴의 생각과 아주 잘 맞아떨어졌습니다.

돌턴은 분압 법칙을 더 확장해 나갑니다. 기체들이 입자로 구성되어 있다면, 기체가 아닌 물질들도 아주 작은 입자로 되어 있고, 그 입자는 더는 쪼갤 수 없을 만큼 아주 작을 것이

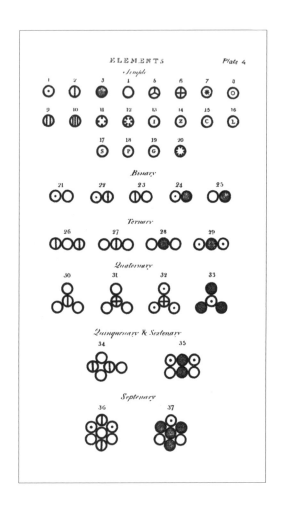

돌턴의 책 《화학 철학의 새로운 체계A New System of Chemical Philosophy》에 실린 다양한 원자와 분자

라고 생각하지요. 마침내 1808년, 돌턴은 모든 물질은 더는 쪼개지지 않는 원자로 되어 있다는 원자론을 발표합니다.

돌턴의 원자론은 당시에 알려졌던 여러 화학 법칙을 아주 잘 설명해 주었습니다. 돌턴은 화학 변화가 일어날 때 원자는 새로 생기거나 없어지지 않고 단지 배열만을 달리한다고 생각했는데, 이는 왜 화학 반응이 일어날 때 질량이 보존되는지를 설명한 것입니다. 또 돌턴은 일정 성분비의 법칙을 설명하기 위해 원소들이 결합해서 화합물을 만들 때 원자들은 항상 일정한 비율로 결합한다고 주장했습니다.

이처럼 돌턴은 이미 밝혀진 현상을 설명하는 데 자신의 이론을 적용했습니다. 돌턴의 원자론을 이용하면 여러 화학 반응 법칙이 잘 설명되었기 때문에 많은 과학자가 원자 개념을 받아들였습니다.

전자를 발견한 톰슨

돌턴은 기체에 관한 연구로 원자의 존재를 추론했지만, 시간이 지나면서 과학자들은 원자의 구조를 유추할 수 있는 직접적인 실험 증거를 더 많이 얻을 수 있었어요. 실험 도구와 실험 방법이 점차 다양하고 정교해졌기 때문입니다. 과학자들은 이전 세대가 할 수 없던 새로운 실험을 했고, 그 결과 원자의 구조에 관한 새로운 정보를 얻었습니다. 대표적인 실험이 음극선관 실험입니다.

음극선은 1869년에 처음 발견되었는데, 말 그대로 음극(−)에서 나오는 미지의 선을 말합니다. 음극선관은 긴 유리관을 진공 상태로 만든 다음, 유리관 양쪽에 음극과 양극 2개의 전극을 설치한 관입니다. 물리학자들은 음극선관의 양쪽 극에 높은 전압을 걸어 주면 음극으로부터 미지의 선이 나와 양극 쪽으로 흐른다는 사실을 알아냈습니다. 또, 음극선의 진행 경로에 장애물을 놓으면 그림자가 생긴다는 점, 자기장 안에서는 음극선의 진행 경로가 휜다는 점, 음극선의 진행 경로에 바람개비를 놓으면 바람개비가 돌아간다는 점 등도 밝혀냈지요.

영국의 물리학자 조지프 존 톰슨Joseph John Thomson, 1856 -1940도 음극선관 실험에 뛰어들었습니다. 톰슨은 음극선관의 위쪽에는 양극을 띠는 금속판을, 아래쪽에는 음극을 띠는 금속판을 놓고 음극선을 쏘았습니다. 그러자 음극선은 양극을 띠는 금속판 쪽으로 휘어지면서 나아갔습니다.

톰슨은 이 실험뿐만 아니라 음극선에 관한 기존의 연구를 종합해 결과를 해석해 보았습니다. 음극선 뒤에 그림자

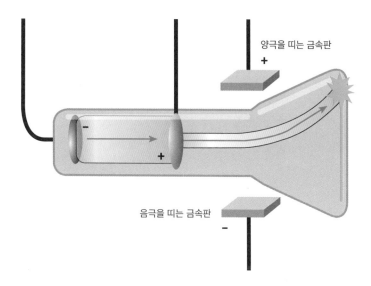

톰슨의 음극선관 실험. 톰슨은 음극에서 나온 음극선이 양극을 띠는 금속판 쪽으로 휘는 것을 보고, 음극선이 음전하를 띠는 입자라고 생각했다.

가 생긴다는 것은 음극선이 직진한다는 뜻입니다. 또 음극선이 전기장과 자기장 안에서 휜다는 것은 음극선이 입자일 가능성이 크다는 뜻이지요. 특히 음극선이 양극을 띠는 금속판 쪽으로 휜다는 것은 음극선이 음의 전기를 띠고 있다는 의미입니다. 마지막으로 음극선이 진행 경로에 있는 바람개비를 돌릴 수 있다는 것은 음극선이 질량을 가지고 있음을 보여 주는 증거입니다. 음극선에 질량이 없다면 바람개비는 정지한 그대로 있었을 테니까요.

톰슨은 음극선이 질량을 가진 작은 입자들의 흐름이라고

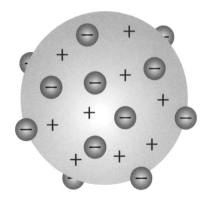

톰슨의 원자 모델. 전자의 존재를 발견한 후, 원자를 중성으로 만들기 위해 고안한 모델이다.

결론을 내립니다. 1897년에 이런 연구 결과를 토대로 '미립자 가설'을 발표하지요. 그는 음극선의 질량이 수소 원자 질량의 1/1000배 정도 되고, 음전하를 띠고 있으며, 원자의 구성 성분 중 하나라고 주장합니다. 그리고 자신의 주장을 입증하기 위해 음극선이 전기장 안에서 휘어지는 모습을 사람들에게 실제로 보여 주지요.

톰슨이 주장한 원자 속 미립자는 나중에 '전자electron'라는 이름을 얻습니다. 한마디로 음극선은 원자에서 튀어나온 전자들의 흐름이었던 것이죠. 원자가 더는 쪼개지지 않는 입자라는 돌턴의 원자론이 깨지는 순간이었습니다. 돌턴이 원자론을 발표한 지 약 90년 만의 일이었지요.

원자를 쉽게 이해하기 위해 과학자들은 원자를 모형으로 표현합니다. 원자의 모습을 실제로 볼 수 없기 때문이죠. 원자 속에 전자라는 미립자가 있다는 사실이 밝혀지자, 새 모형이 필요해졌습니다. 그래서 등장한 것이 일명 '건포도 푸딩 모델'입니다. 양전하의 바다에 전자들이 둥둥 떠서 움직이는 모델이죠. 원자는 전기적으로 중성입니다. 원자 안에 음을 띠는 전자가 있으니 같은 양의 양전하가 있어야 중성이 가능해지겠지요. 건포도 푸딩 모델은 이런 논리적 추론을 통해 만들어 낸 모델입니다.

원자핵을 발견한
러더퍼드

원자 속에 전자라는 미립자가 들어 있다는 사실이 알려지면서, 원자 구조에 관한 연구는 더욱 활기를 띱니다. 20세기 초, 원자 구조를 이해하는 데 결정적으로 중요한 역할을 한 실험이 '알파입자 산란 실험'입니다. 알파입자(α)는 우라늄이나 라듐 같은 방사성 물질이 붕괴할 때 방출되는 방사선인데 전자보다 7000배 이상 무겁고 양전기를 띠고 있습니다. 나중에 알파입자는 헬륨 원자핵과 같다는 사실이 밝혀지죠.

알파입자 산란 실험을 주도한 사람은 뉴질랜드 출신의

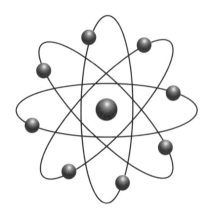

러더퍼드의 원자 모델. 전자가 원자핵 주위를 빠른 속도로 돈다. 원자의 대부분은 비어 있다.

영국 물리학자 러더퍼드Ernest Rutherford, 1871-1937입니다. 그는 동료들과 함께 라듐에서 나오는 알파입자를 얇은 금박에 충돌시키면 어떤 현상이 나타나는지 실험했습니다. 그 결과 원자 구조에 관해 매우 중요한 두 가지 사실을 알아냅니다. 첫째, 대부분의 알파입자가 금박을 통과하는데, 이는 원자의 대부분이 비어 있다는 뜻입니다. 둘째, 알파입자 8000개 중 1개는 도로 튕겨 나오는데, 이는 원자 안에 알파입자를 튕겨 낼 정도의 무게를 가진 입자가 어느 한 지점에 들어 있다는 뜻입니다. 양전기를 띠는 알파입자를 튕겨 냈으니, 그 입자도 알파입자처럼 양전기를 띠고 있겠죠.

자신의 실험 결과를 바탕으로 러더퍼드는 새로운 형태의 원자 모델을 제시합니다. 원자의 중심에는 양전기를 띠는 원자핵이 있고, 바깥쪽에는 음전기를 띠는 가벼운 전자가 핵 주위를 빠른 속도로 돌고 있는 모델이었지요. 이 모델에서 원자핵과 전자 사이, 즉 원자의 대부분 공간은 비어 있습니다. 예를 들어 원자핵을 축구공, 전자를 먼지라고 했을 때 축구공을 서울 시청에 두고 먼지는 수원에서 날아다닌다고 해 보죠. 그리고 축구공과 먼지 사이가 거의 비어 있다고 생각하면 러더퍼드의 원자 모델을 쉽게 이해할 수 있을 거예요. 그래서 러더퍼드의 원자 모델을 '태양계 모델'이라고도 합니다.

양자역학의 등장

그런데 당시 과학자들에게는 원자의 구조를 추론할 수 있는 또 다른 실험이 있었습니다. 고에너지 상태에 있는 수소 원자는 저에너지 상태가 될 때 빛을 방출하는데, 그 빛을 프리즘에 투과하면 수소 원자의 스펙트럼을 얻을 수 있습니다. 문제는 그 스펙트럼이 불연속적인 선 스펙트럼이라는 사실이었어요. 이는 수소 원자가 내보내는 에너지가 불연속적임을 뜻합니다. 러더퍼드의 원자 모델로는 이러한 실험 결과를 해석할 수 없었어요.

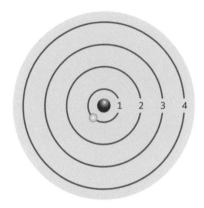

보어의 원자 모델. 전자는 그림의 1, 2, 3, 4 궤도에만 존재할 수 있다. 궤도와 궤도의 중간에는 전자가 존재할 수 없다. 궤도 2, 3, 4에 있던 전자가 더 낮은 궤도로 이동할 때 빛에너지를 방출한다. 그러므로 전자가 내보내는 빛은 불연속적이다. 예를 들어 궤도 2에서 궤도 1로 한 궤도 이동할 때는 붉은색 빛을 방출하고, 궤도 3에서 궤도 1로 두 궤도 이동할 때는 초록색 빛을 방출한다. 붉은색과 초록색 사이의 중간색 빛은 방출되지 않는다. 궤도 4에서 궤도 1로 전자가 세 궤도 이동할 때는 푸른색 빛을 방출한다.

이러한 실험 결과를 설명할 새로운 원자 모델을 제시한 사람이 덴마크의 물리학자 닐스 보어Niels Bohr, 1885-1962입니다. 보어는 러더퍼드의 원자 모델을 받아들이면서도, 수소 원자의 선 스펙트럼, 즉 에너지의 불연속성을 설명할 수 있는 원자 모델을 제시했어요. 보어의 답은 전자가 특정한 궤도에만 존재한다는 것이었습니다.

보어의 원자 모델에서 원자가 방출하는 빛에너지는 언제나 양자화되어 있습니다. 무슨 뜻일까요? 보어의 모델에서 전자는 정해진 궤도에서 원자핵 주위를 돕니다. 그런데 전자가 다른 궤도로 이동할 때는 빛을 흡수하거나 방출합니다. 빛을 흡수하면 전자가 안쪽 궤도에서 바깥쪽 궤도로 점프하여 이동하고, 반대로 바깥쪽 궤도에서 안쪽 궤도로 이동할 때는 빛을 방출하지요. 특정 궤도로만 이동하니까, 전자가 방출하는 빛에너지는 항상 1, 2, 3 같은 특정한 양으로 나타낼 수 있습니다. 이를 빛에너지가 양자화되어 있다고 말해요.

1920년대 말에 양자역학이라는 학문이 발달하면서, 원자 모델은 또 크게 달라집니다. 물리학자들은 전자가 입자의 성질뿐만 아니라 파동의 성질도 가진다는 사실을 알아냈고, 전자가 지닌 파동의 성질을 설명할 수 있는 새로운 원자 모델을 만들어야 했던 것입니다. 그 결과 과학자들은 원자 속에 있는 전자의 위치를 정확하게 알 수는 없고, 단지 확률적으로만 알 수 있다는 사실을 알아냅니다.

따라서 새로운 원자 모델은 전자가 어느 위치에 얼마 정도의 확률로 존재하는지를 구름처럼 표시하는 방식으로 변했습니다. 수학적 계산을 근거로 했고 말이지요. 이를 '전자 구름 모델' 혹은 '오비탈orbital 모델'이라고 합니다.

2015년, 과학자들은 양자 현미경을 이용해 수소 원자의 내부 사진을 찍었는데, 전자가 존재할 확률이 구름처럼 나

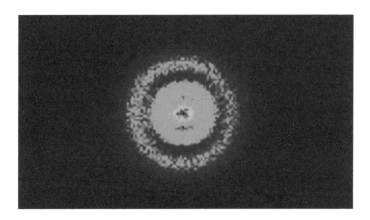

양자 현미경으로 촬영한 수소 원자의 내부 구조. 전자의 위치는 확률적으로만 알수 있는데, 핵 주위의 특정 영역에 존재할 확률이 더 높다는 사실을 확인할 수 있다.

타나는 사진을 보고 자신들의 모델이 맞았음을 확인할 수 있었습니다.

이처럼 과학자들은 자신들의 새로운 실험 결과를 해석하는 과정에서 다양한 원자 모델을 추론해 왔습니다. 어떻게 보면 새로운 실험 결과를 얻을 때마다 새로운 원자 모델이 등장했다고 할 수 있지요. 특히 20세기 들어서는 원자 모델을 만들 때 수학적 계산이 무척 중요해졌습니다. 양자역학 연구자들은 수학적 계산을 통해 원자 모델을 먼저 만들고, 모델이 현상에 잘 맞는지를 해석하는 방식으로 원자 모델을 만들었으니까요. 다음번 원자 모델은 어떤 모양이 될까요?

양자역학을 왜
확률의 학문이라고 할까

물리학의 여러 분야 중 힘과 운동의 관계를 다루는 학문을 역학이라고 합니다. 어떤 물체가 힘을 받았을 때, 그 물체가 어떻게 운동하는지를 연구하는 것이죠. 역학 중에서도 밀도, 운동량, 관성, 힘과 가속도의 관계, 작용-반작용 등 일상에서 일어나는 힘과 운동의 관계를 설명하는 역학은 뉴턴이 완성했습니다. 그래서 '뉴턴역학'이라고도 합니다.

뉴턴의 대표작 《프린키피아》를 보면 뉴턴역학이 집대성되어 있습니다. 뉴턴은 이 책에서 먼저 질량, 운동량, 관성, 구심력(중력) 같은 역학의 기본 개념을 정의합니다.

질량은 '밀도와 부피를 곱한 값으로 측정되는 양', 운동량은 '속도와 물질의 양을 곱한 값으로 측정되는 양'이라고 정의합니다. 여러분이 알고 있는 '밀도＝질량/부피', '운동량=mv'가 모두 뉴턴이 정리한 개념이지요. 또, 관성은 '물질이 자신의 상태를 유지하려는 저항', 중력은 '관성에 의해 직선 방향으로 나아가려는 물체를 중심 방향으로 가속하게 만드는 힘'이라고 정의했습니다.

뉴턴과
고전역학

뉴턴은 이러한 기본 정의를 바탕으로 세 가지 운동 법칙을 정립합니다. '관성의 법칙', '운동의 법칙(가속도의 법칙)' 그리고 '작용-반작용의 법칙'입니다. 제1법칙인 관성의 법칙은 갈릴레오가 처음으로 정의했는데, 뉴턴이 이를 재정리했습니다.

관성은 물체 고유의 저항하는 힘이며, 이 힘에 따라서 물체는 가만히 있든, 직선을 따라 일정한 속력으로 움직이든(등속직선 운동), 계속 현재 상태를 유지한다.

제2법칙인 운동의 법칙은 다음처럼 정의했습니다.

운동의 변화는 가해진 힘에 비례한다. 그리고 운동의 변화는 힘을 가한 것과 똑같은 방향으로 나타난다.

등속 직선 운동을 하거나 정지해 있던 어떤 물체가 외부로부터 힘을 받으면, 물체의 속력이나 운동 방향이 어떻게 변할 것인지를 다룬 법칙이지요. 뉴턴은 이를 'F=ma'라는 간단한 식으로 나타냈습니다. 여기에서 F는 가한 힘의 크기, m은 물체의 질량, a는 속도의 변화량인 가속도를 뜻합니다. 제3법칙은 작용–반작용의 법칙입니다.

모든 작용에 대하여, 그 크기가 같고 방향이 반대인 반작용이 항상 존재한다.

뉴턴은 이 세 가지 운동 법칙을 이용해 일상에서 볼 수 있는 물체들의 운동을 설명했습니다. 나아가 행성의 운동, 세차 운동, 밀물과 썰물의 원리 등 아주 많은 자연현상도 설명했어요.

뉴턴의 운동 법칙을 기본으로 하는 역학을 보통 고전역학이라고 합니다. 고전역학의 특징은 무엇일까요? 하나는 정확precise하다는 것이고, 다른 하나는 연속적continuous이라는 것입니다. 자연현상을 정확하게 연속적으로 나타낼 수 있다는 말이죠. 투수가 던진 공을 타자가 치는 상황을 생각해 봅시다. 공을 치는 순간의 초기 조건을 알면, 공이 얼마의 속도로 어떤 궤적을 그리면서 날아갈지, 몇 초 뒤에 어디에가 있을지 정확히 예측할 수 있습니다. 시간의 흐름에 따른 운동 상태의 변화를 정확히 알 수 있는 것이죠. 로켓을 발사할 때도 마찬가지입니다. 일정한 속도로 연료를 분사할 때, 작용-반작용의 법칙에 따라 로켓의 추력과 이동 속력을 계산해 로켓의 궤도를 정확히 계산해 낼 수 있습니다. 그뿐만 아니라 태양의 둘레를 공전하는 지구의 움직임, 지구의 둘레를 공전하는 달의 움직임 등도 뉴턴의 운동 법칙으로 예측할 수 있습니다. 만약 시간의 흐름에 따른 운동의 변화를 그래프로 나타낸다면 연속적으로 이어지는 그림을 얻을 수 있을 거예요.

역학의 변화

그런데 19세기 후반에서 20세기 초반 사이에 원자 안에서 전자, 양성자, 중성자 같은 미립자들이 발견되면서, 뉴턴의 운동 법칙이 잘 들어맞지 않게 됩니다. 과학자들은 전자의 움직임을 이해할 새로운 방법을 찾았고, 그 과정에서 등장한 역학이 양자역학입니다. 그렇다고 해서 고전역학이 폐기된 것은 아닙니다. 고전역학은 일상에서의 물체 운동을 설명하는 데 여전히 유용합니다.

그렇다면 고전역학과 양자역학의 차이는 무엇일까요? 고전역학에서 물체의 운동 변화를 연속적이고 정확하게 예측할 수 있었던 것과 달리, 양자역학에서는 미립자의 운동을 불연속적, 확률론적으로 기술한다는 점입니다. 양자역학에서는 물체의 운동을 완전하게 예측할 수 없다는 것이지요. 원자 안에서 원자핵 주위를 돌고 있는 전자가 어떻게 운동하기에 그런 것일까요.

먼저, 불연속적이란 말은 무슨 뜻일까요? 양자역학에서 물리량이 불연속적이라는 말은 '양자quantum화'되었다는 말입니다. 양자화라는 말은 물리량에는 기본 단위가 있고, 물리량의 변화는 기본 단위의 정수배*로 일어난다는 뜻입니다. 띄엄띄엄 떨어져 있는 양이라는 말이죠.

양자 개념이 등장하는 데 큰 역할을 한 사람이 독일의 물리학자 막스 플랑크Max Plank, 1858-1947입니다. 1900년, 플

정수배

정수배란 기본 단위에 정수를 곱해서 만들어진 값들을 의미한다. 기본 단위가 1이라고 하면, 정수배는 1, 2, 3…이 되고, 기본 단위가 2라면 정수배는 2, 4, 6…이 된다. 에너지 변화량이 정수배라는 것은 1과 2 사이에 다른 에너지값을 갖지 않는다는 것, 즉 에너지의 변화량이 불연속적이라는 것을 의미한다.

랑크는 흑체를 가열할 때 온
도가 올라갈수록 방출되는
빛이 빨간색, 노란색, 파란색
순서로 변하는 현상을 수학
적으로 분석합니다. 그 과정
에서 빛에너지가 불연속적이
라는 가설을 처음으로 제안
하지요. 에너지의 기본 단위
를 1이라고 한다면, 에너지는

'양자역학의 아버지' 막스 플랑크

1, 2, 3 같은 방식으로만 존재하지, 1.257 같은 형태로는 존
재하지 않는다는 것이죠.

예를 들어 엘리베이터를 타고 아래로 내려올 때, 엘리베
이터가 3층, 2층, 1층에 서지 4.786층, 2.95634층에 서지는
않잖아요. 이처럼 빛도 한 궤도, 두 궤도, 세 궤도처럼 정수
배로만 이동하니까 양자화되었다고 할 수 있는 것이죠. 연
속적인 값이 표현되는 아날로그와 0과 1로 표현되는 디지
털의 차이를 생각해 보면 이해하기 쉬울 것입니다. 그 전까
지 과학자들은 에너지 값이 연속적으로 이어져 있다고 생각
했기 때문에 이 가설에 큰 충격을 받습니다.

1905년, 이 가설을 받아들여 빛의 본질에 대한 새로운 해
석을 내린 사람이 아인슈타인Albert Einstein, 1879-1955입니다.

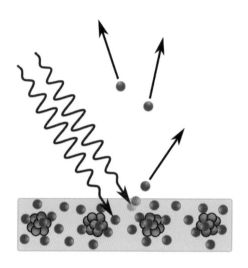

아인슈타인의 광전 효과 실험. 특정 진동수의 빛을 비추면 전자가 튀어나온다.

당시 스물여섯 살이었지요. 아인슈타인이 주목한 것은 광전 효과였습니다. 광전 효과란 금속에 일정한 진동수의 빛을 비추면 금속에서 전자가 튀어나오는 현상을 말해요. 광전 효과를 해석하면서 아인슈타인은 플랑크의 양자 가설을 빛에도 적용했고, 그 결과 빛이 특정한 에너지를 가지는 입자로 이루어졌다는 '광양자설'을 내세우게 됩니다.

빛이 입자로 이루어져 있다면, 당연히 빛이 가지는 에너지도 양자화되어 있겠죠. 당시까지 대부분 과학자는 빛이 파동이라고 생각했지만, 아인슈타인의 연구 결과를 보고는 빛에 파동성도 있고 입자성도 있다는 사실을 인정할 수밖에 없었습니다.

앞에서도 설명했듯이 보이는 빛이 양자화되어 있다는 아인슈타인의 광양자설을 받아들여 새로운 원자 모델을 제시합니다.

행렬역학과
파동역학

1925년, 전자의 불연속적인 움직임을 설명하기 위해 독일의 젊은 물리학자 베르너 하이젠베르크Werner Heisenberg, 1901-1976는 새로운 역학 체계를 세웁니다. 고전역학에서는 운동을 기술할 때 물체의 위치와 운동량(질량×속력)을 이용합니다. 이와 달리 하이젠베르크는 전자가 바깥쪽 궤도에서 안쪽 궤도로 이동할 때 방출하는 빛의 진동수를 수학적으로 나타낼 방법을 고민했고, 그 결과 '행렬역학'을 만들어 내는 데 성공하지요. 에너지 변화량을 행렬 곱셈으로 바꿈으로써 전자의 움직임을 수학적으로 정확히 계산할 수 있게 만든 것입니다. 행렬역학은 물리학계를 뒤흔들어 놓았습니다.

행렬역학이 정립돼 가고 있을 때, 다른 한편에서는 전자 운동의 불연속성을 부정하는 과학자들이 모여 '파동역학'이

행렬역학과 파동역학이 다르지 않음을 증명한 디랙

라는 또 다른 갈래의 양자역학을 만들고 있었습니다. 파동
역학을 정립한 사람은 오스트리아의 물리학자 에르빈 슈뢰
딩거Erwin Schrö dinger, 1887-1961입니다. 1924년, 프랑스 물리
학자 루이 드 브로이Louis de Broglie, 1892-1987는 전자가 입자
의 성질을 가질 뿐만 아니라 파동의 성질도 가지고 있다는
'물질파' 개념을 제안합니다. 슈뢰딩거는 드 브로이의 물질
파 개념을 바탕으로 전자의 파동성을 수학적으로 기술해 내
려고 노력했고, 마침내 1926년에 미분으로 표현되는 '슈뢰
딩거 방정식'을 만들 수 있었습니다. 파동역학을 이용한 새
로운 방법의 양자역학이었지요.

　행렬역학과 파동역학은 둘 다 전자의 운동을 수학적으로

기술했지만, 매우 달랐습니다. 전자는 입자이고 전자가 방출하는 에너지가 불연속적이라는 생각에서 출발한 행렬역학, 전자는 파동이고 전자가 방출하는 에너지를 연속적으로 기술할 수 있다고 생각하는 파동역학, 둘 중 어느 것이 맞을까요?

이때 등장한 사람이 영국의 이론물리학자 폴 디랙Paul Dirac, 1902-1984입니다. 디랙은 행렬역학과 파동역학 모두를 잘 알고 있었습니다. 1926년 가을, 디랙은 행렬역학과 파동역학을 연결해 줄 연산자를 찾아내어 두 역학 체계가 사실상 등가等價를 이룬다는 사실을 밝혀냅니다.

불확정성의 원리와
상보성 원리

그러는 사이 1927년, 하이젠베르크는 양자역학의 중요한 철학적 기초를 놓는데, 이 새로운 철학을 '불확정성 원리'라고 합니다. 한마디로, 전자의 위치와 속도를 동시에 정확하게 측정하는 것이 불가능하다는 말입니다.

우리는 보통 일상생활에서 사용하는 개념과 용어를 이용해 전자의 움직임을 기술하기 때문에, 전자의 움직임을 기술하는 데 한계가 있을 수밖에 없습니다. 예를 들어 어떤 통 속에 전자가 들어 있다고 생각해 보죠. 어떤 물체의 위치를 알려면 그 물체에서 반사되어 나오는 빛이 우리 눈에 들어와야 하니, 전자를 관찰하려면 통 속에 빛을 쏠 수밖에 없을 것입니다. 그런데 전자에 빛을 쏘는 순간 전자는 어딘가로 튕겨 나갈 거예요. 전자는 너무나 작고 가볍기 때문이죠. 우리가 전자의 위치를 확인하는 순간 전자는 이미 다른 곳으로 가 있을 테니 우리는 전자가 얼마큼의 속도로 운동했는지 알 수가 없습니다. 이처럼 양자역학의 세계에서는 전자의 위치를 알려고 하면 속도, 즉 운동량이 불명확해지고, 반대로 운동량을 측정하려고 하면 전자의 위치를 정확히 측정할 수 없게 됩니다.

이처럼 하이젠베르크의 불확정성 원리는 고전역학의 기본 전제를 뒤집어 버리는 새로운 철학이었습니다. 고전역학에서는 운동하는 물체의 위치와 운동량을 동시에 알 수 있을 뿐만 아니라, 시간에 따른 위치 변화나 운동량 변화도 쉽게 예측할 수 있었거든요.

불확정성의 원리가 나온 비슷한 시기에 보어도 양자역학의 또 다른 철학적 기둥이라고 할 수 있는 '상보성 원리'를 생각해 냅니다. 이 원리는 전자가 입자의 성질을 가질 수도 있고 파동의 성질을 가질 수도 있다는 주장입니다. 단, 입자이면서 동시에 파동일 수는 없습니다. 고전역학에서는 입자와 파동을 완전히 다른 것으로 구분했지요. 공을 던지면 실제로 공이 이동하지만, 파동은 에너지의 이동일 뿐이기 때문이죠. 또 같은 시간, 같은 공간에는 두 개 이상의 입자가 동시에 존재할 수 없지만, 파동은 같은 시간, 같은 공간에 여러 파동이 동시에 존재할 수 있습니다. 이제 상보성 원리로 인해 입자와 파동을 구분하는 일은 큰 의미가 없어집니다.

마침내 결정된
양자역학 표준 해석

하이젠베르크와 보어 등에 의해 양자역학의 철학적 기반이 마련되고 있던 1927년 10월, 벨기에의 브뤼셀에서는 솔베이 회의가 열렸습니다. 솔베이 회의는 벨기에의 사업가 에르네스트 솔베이Ernest Solvay, 1838-1922가 만든 회의로, 전 세계의 저명한 물리학자들이 3년에 한 번씩 모여 특정한 주제에 관해 서로 의견을 나누고 토론하는 자리입니다. 1911년에 처음 시작했고, 가장 유명한 회의는 1927년에 열린 제5차 회의입니다. 회의 주제는 〈전자와 광자〉였는데, 회의에 참석한 29명의 물리학자 중 17명이 노벨상 수상자였죠.

제5차 솔베이 회의에 참석한 물리학자들. 아인슈타인, 막스 플랑크, 보어, 드 브로이, 하이젠베르크, 슈뢰딩거, 디랙, 보른 등이 있다.

이 회의에서 물리학자들은 하이젠베르크의 행렬역학과 슈뢰딩거의 파동역학 지지자로 각각 나뉘어 격렬한 논쟁을 벌였습니다. 행렬역학 대표적인 지지자는 보어, 파동역학은 아인슈타인이었습니다. 디랙도 이 회의에 참석해 행렬역학과 파동역학이 등가라는 자신의 연구 결과를 발표하지요.

논쟁의 승리자는 보어 쪽이었습니다. 그리고 전자 운동에 관한 이들의 해석이 표준 해석으로 인정받게 됩니다. 보어의 연구소가 덴마크 코펜하겐에 있었기 때문에 양자역학의 표준 해석을 '코펜하겐 해석'이라고도 합니다.

확률적이라는 개념

앞에서 양자역학에서는 미립자의 운동을 불연속적, 확률론적으로 기술한다고 했습니다. 불연속성에 대해선 알아봤으니, 이제 확률적이라고 한 이유도 알아봐야겠습니다. 이유가 무엇일까요?

1926년, 독일 물리학자 막스 보른Max Born, 1882-1970은 상보성 원리를 바탕으로 또 하나의 중요한 양자역학적 해석을 합니다. 보른은 자신의 조교였던 하이젠베르크와 행렬역학을 체계화한 인물이기도 합니다. 그는 슈뢰딩거의 미분방정식을 재해석하여, 슈뢰딩거의 파동방정식은 사실 전자가 존재할 확률을 나타내는 것이라고 주장합니다. 이는 전자가 원자 내 특정한 공간에 입자로 실재하는 것이 아니라 확률적으로 여러 공간 내에 퍼져서 존재한다는 뜻이죠. 파동은 에너지이니, 전자를 파동으로 생각한다면 동시에 여러 곳에 있는 것도 가능합니다. 이런 현상을 중첩이라고 합니다.

파동으로서의 전자가 있는 위치를 확률적으로만 알 수 있다면, 전자의 입자성은 언제 드러나는 것일까요? 양자역학에서는 관찰자가 전자를 관측하는 행위를 하는 순간 전자 입자가 나타난다고 설명합니다. 전자를 관측하려는 바로 그 순간, 모든 확률이 한곳에 모이면서 전자 입자가 나타난

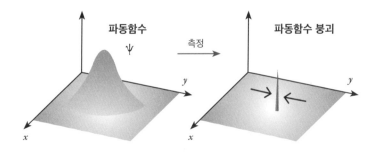

(왼쪽) 전자의 상태를 표현한 파동 함수. 그래프 높이는 전자가 위치할 확률을 나타 낸다. 전자는 여러 곳에 동시에 있을 수 있다.

(오른쪽) 전자를 관측하는 순간 파동 함수가 붕괴하면서 전자는 입자가 된다.

다는 것이죠. 실제로 전자를 이중 슬릿에 쏘는 실험을 해 보면, 관찰자가 관찰하지 않는 동안 전자는 파동처럼 행동하지만, 관찰자가 관측하는 순간 입자처럼 행동하는 것을 볼 수 있습니다.

예를 들어, 1000명이 복권을 샀다고 가정해 보죠. 당첨 번호를 발표하기 전에는 1000명 모두가 당첨될 확률을 가지고 있어요. 하지만 당첨 번호가 발표되는 순간, 다른 사람들의 확률은 모두 0이 되고, 당첨자 1명의 확률만 1이 됩니다. 원자 속에서는 확률이 1이 되는 그 순간이 전자가 입자로 실재하는 때가 되는 것입니다.

양자역학은 너무나 작은 세계를 연구 대상으로 삼습니

다. 어떤 입자가 있는 위치를 확률적으로만 알 수 있다거나, 입자가 너무 작아서 위치와 속도를 동시에 측정하기 불가능하다거나, 어떤 대상이 입자일 때도 있고 파동일 때도 있다는 양자역학적 사고는 사실 받아들이기가 쉽지 않습니다. 하지만 과학자들은 양자역학을 통해 전자 같은 미립자들의 움직임을 설명할 수 있었습니다. 그리고 양자역학의 확률 개념과 불연속 개념을, 일상생활의 문제를 해결하고 삶의 질을 향상하는 데 이용하고 있답니다. 양자역학의 중첩 개념을 응용해 기존 컴퓨터보다 빠르게 문제를 해결하는 양자 컴퓨터, 양자 상태를 빠른 속도로 멀리 전달할 수 있는 양자 전송, 관측하는 순간 확률 함수가 붕괴하는 현상을 응용한 양자 암호 등을 만들어 냈지요. 양자역학의 응용 가능성이 얼마나 큰 지 보여 주는 예들입니다. 그러니 양자역학의 원리가 머리로는 도저히 이해되지 않더라도, 양자역학의 등장이 얼마나 인류 삶을 크게 바꾸어 놓았는지는 실감할 수 있으리라 생각합니다.

시간과 공간은 변할까,
변하지 않을까

20세기 물리학에 가장 큰 영향을 끼친 두 가지는 단연 상대성이론과 양자역학입니다. 상대성이론과 양자역학은 현대 물리학의 두 기둥이라고 해도 과언이 아니지요. 양자역학이 물체의 위치와 운동에 관한 고전역학의 가정을 바꾸었다면, 상대성이론은 시간과 공간에 관한 고전역학의 관점을 바꾸었습니다.

우주에서 한 사람은 거의 빛에 가까운 속도로 빠르게 운동하고 있고, 다른 한 사람은 멈춰 있다고 생각해 보죠. 두 사람은 이 우주를 어떻게 바라볼까요? 두 사람에게 시간은 같게 흘러갈까요? 두 사람에게 공간의 길이는 같을까요? 상대성이론은 이에 대해 답을 하고 있습니다.

시간과 공간에 대한
새로운 해석

상대성이론이 등장하기 전에는 시간과 공간에 대해 어떻게 생각했을까요? 뉴턴의 《프린키피아》를 보면, 시간에는 절대적 시간과 상대적 시간이 있어요. 절대적 시간이란 본성적인 것으로, 외부의 어떤 것과도 상관없이 자신의 본성에 따라서 항상 똑같이 흐르는 것입니다. 반면 상대적 시간은 일, 월, 년처럼 진짜 시간을 대신해서 우리가 일상적으로 감지할 수 있는 시간입니다.

뉴턴은 공간에도 절대공간과 상대공간이 있다고 생각했습니다. 절대공간이란 자신의 본성에 따라서 있으며, 외부의 어떤 변화와도 관계가 없고, 항상 똑같으며 움직이지 않는 공간입니다. 반면 상대공간은 우리가 수학적 좌표를 이용해 인위적으로 물체의 위치를 나타낸 공간을 말합니다.

뉴턴의 말대로 절대적 시간과 절대공간이 외부의 변화와 상관없이 항상 똑같다면, 사람의 운동은 이러한 절대성에 어떤 영향을 끼칠 수 있을까요? 뉴턴은 모든 운동은 가속이 되거나 감속이 되지만, 절대적 시간에는 그 어떤 변화도 없다고 생각했습니다. 이는 인간이 절대적 시간에 아무런 영향을 끼치지 못하거나 영향도 받지 못한다는 것을 의미합니다.

사실 아인슈타인의 상대성이론 등장 이전에도 몇몇 과학자가 절대적인 시간과 공간 개념에 의문을 제기했습니다. 영국의 물리학자 마이클 패러데이Michael Faraday, 1791-1867가 대표적입니다. 패러데이는 전류와 자기장의 관계를 연구하여 '전자기 유도 현상'을 발견하고 이를 바탕으로 발전기를 만들어 낸 것으로 유명합니다. 그는 자기력을 지닌 물체들이 서로 끌어당기거나 서로 밀어내는 것을 보면서, 자기력이 물체들 사이에서 직접 작용하는 것은 아니라고 주장합니다. 그 대신 자기장이라고 부르는 공간에 힘을 실어 나르는 자기력선이 퍼져 있다고 하지요. 자기'장'이라는 공간은 힘이 실재하는 공간이고, 힘이 변화하면 공간도 변화할 수 있는 것입니다.

20세기 물리학을 뒤흔든 아인슈타인

상대성이론을 만들어 20세기 물리학에 혁명적 변화를 이끈 사람은 독일 출신의 미국 이론물리학자 아인슈타인Albert Einstein, 1879-1955입니다. 아인슈타인은 '자기장이라는 것이 존재한다면, 이와 비슷하게 중력장이라는 것도 존재하지 않을까?'라고 생각했습니다. 힘이 작용하는 공간이 자기장이라면, 중력장도 힘이 작용하는 공간이라는 생각이었죠. 또한 자기력의 변화에 따라 자기장이 변화할 수 있다면, 물질의 양에 따라 중력장도 변화할 수 있다고 생각했습니다.

아인슈타인은 스위스 취리히 연방 공과대학교를 졸업한 후, 1902년부터 스위스 베른에 있는 특허 사무소에서 근무하고 있었습니다. 그 곳에서 일하고 연구하면서 1905년에 상대성이론 중 특수상대성이론을 먼저 발표합니다. 아인슈타인에게는 '기적의 해'였지요. 상대성이론에 대한 논문뿐만 아니라 광전 효과, 브라운 운동, 질량과 에너지의 관계에 대한 논문들도 연달아 발표했기 때문입니다. 광전 효과 논문으로 아인슈타인은 1921년에 노벨물리학상을 받습니다. 많은 사람이 상대성이론으로 노벨상을 탄 줄 아는데, 사실이 아닙니다.

1905년이 지나고 아인슈타인은 대학교수가 되었고, 그로부터 10년 후인 1915년에 일반상대성이론을 발표합니다. 일반상대성이론은 아인슈타인을 세상에서 가장 유명한 과학자로 떠오르게 합니다.

특수상대성이론의 배경

그러면 상대성이론은 어떤 과정을 거쳐서 탄생했을까요? 19세기 말까지 물리학에서 가장 중요한 두 가지 기본 이론은 뉴턴의 '역학'과 맥스웰의 '전자기 이론'이었습니다. 맥스웰 James Clerk Maxwell, 1831-1879은 영국의 이론물리학자로, 전기와 자기 현상을 설명하던 여러 이론을 통합해 전자기 이론을 확립합니다. 또한 빛이 전자기파라는 사실도 증명하지요.

그런데 물리학자들이 보기에 뉴턴과 맥스웰의 이론은 모순되었습니다. 예를 들어, 동쪽으로 시속 40킬로미터로 가고 있는 사람 A가 서쪽으로 시속 60킬로미터로 가는 B를 본다면, B의 속력은 시속 100킬로미터로 보일 거예요. 이처럼 두 물체가 서로 상대적으로 운동할 때, 우리는 속력을 더하거나 뺌으로써 물체의 속력을 계산할 수 있습니다. 그렇다면 뉴턴 역학에서는 빛의 속도도 관측자에 따라 상대적으로 변한다고 할 수 있습니다. 빛의 이동 방향에 따라 빛의 속도가 더 빨라질 수도 있고 더 느려질 수도 있어야 하는 것이죠. 그런데 문제는 맥스웰이 계산한 빛의 속도는 관찰자와 무관하게 항상 초속 30만 킬로미터라는 점이었습니다.

아인슈타인은 뉴턴 역학과 전자기 이론 사이의 이러한

모순을 해결하고자 했어요. 이를 위해 두 가지 기본 가정을 도입합니다. 첫 번째는 '광속 불변의 법칙'입니다. 빛의 속도는 언제 어디서나, 누가 관측하든 상관없이 항상 초속 30만 킬로미터로 똑같다는 것이죠. 관측자에 따라 빛의 속도가 상대적으로 달라진다는 생각을 버리고, 빛의 속도를 하나의 상수로 놓고 시간과 공간을 기술하겠다는 말이었습니다. 뉴턴에게 절대적인 시간과 절대공간이 우주의 본성이었다면, 아인슈타인에게는 빛의 속도가 우주의 본질이었던 것입니다.

두 번째 가정은 관성계에서는 모든 물리 법칙이 똑같이 성립한다는 것입니다. 관성계란 정지한 계 또는 등속 직선 운동을 하는 계를 뜻합니다. 정지해 있는 기차 안에서 공을 떨어뜨리면 공은 어떻게 될까요? 당연히 수직 아래 방향으로 떨어집니다. 이번에는 등속 직선 운동을 하는 기차 안에서 공을 떨어뜨리면 어떻게 될까요? 역시 공은 수직 아래 방향으로 떨어질 것입니다. 이처럼 정지한 계와 등속 직선 운동을 하는 계에서는 물체가 똑같은 방식의 운동을 한다는 것이 아인슈타인의 두 번째 가정이었습니다.

아인슈타인은 이 두 가지 가정을 빛의 속도에 가까운 빠르기로 등속 직선 운동을 하는 물체에 적용해 보았습니다. '로런츠 변환Lorentz Transformation[*]'이라는 것을 이용해서 말이죠. 광속 불변의 원칙을 고수하면서 빠르게 움직이는 물체의 운동을 기술하는 과정에서, 아인슈타인은 이동 속도에 따라 시간이 상대적으로 달라질 수 있음을 보여 주었습니다. 절대적 시간은 변하지 않으며 운동과 시간은 별개라고 생각했던 뉴턴과 달리, 아인슈타인은 매우 빠르게 움직이는 물체에서는 시간이 지연될 수 있다는 것을 수학적으로 증명했습니다. 단, 이는 관성계라는 특수한 상황에서 일어나는 현상을 기술했기 때문에 '특수상대성이론'이라고 했습니다.

특수상대성이론에서는 시간만 달라지는 것이 아닙니다. 빠른 속도로 운동하는 관찰자가 운동 방향과 같은 방향의 거리를 재면 그 길이가 짧아지리라고 예측했습니다. 이 현상을 '길이 수축'이라고 합니다. 예를 들어, 우리가 대기권에서 지표면으로 빛에 가까운 속도로 다가가고 있다면, 지표면이 마치 우리에게 빠르게 다가오고 있는 것처럼 보인다는 말이지요.

특수상대성이론은 1936년에 미국의 물리학자 칼 데이비드 앤더슨Carl David Anderson, 1905-1991이 뮤온muon이라는 입자를 발견해 증명합니다. 우주에서는 지구로 우주선

로런츠 변환

고전역학과 전자기 이론 사이의 모순을 해결하기 위한 수학적 변환식을 말한다. 로런츠 변환을 하면 광속이 불변하는 대신 시간과 공간이 상대적으로 바뀐다.

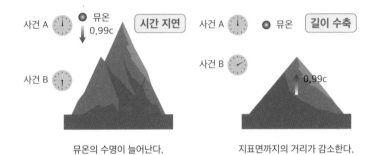

지표면의 관측자가 볼 때	뮤온과 함께 움직이는 관측자가 볼 때

사건 A　　뮤온
0.99c　　시간 지연

사건 B

뮤온의 수명이 늘어난다.

사건 A　　뮤온　　길이 수축

사건 B

0.99c

지표면까지의 거리가 감소한다.

(왼쪽) 뮤온이 빛의 속도에 가깝게 움직이므로(0.99c) 시간이 지연되어 뮤온이 지표면까지 도달할 수 있다.

─────────

(오른쪽) 길이 수축으로 지표면까지의 거리가 짧아져 뮤온이 지표까지 도달할 수 있다.

cosmic ray이 무수히 쏟아져 들어오는데, 뮤온은 지구 대기권에 들어온 우주선이 대기 분자와 충돌할 때 생성되는 입자입니다. 질량이 전자의 약 200배인데, 튀어 나가는 속력이 빛의 속도에 가깝습니다. 문제는 뮤온의 수명이 100만 분의 2초밖에 안 된다는 것이죠. 생겨난 지 100만 분의 2초가 지나면 뮤온은 전자와 중성미자로 붕괴해 버립니다. 그렇다면 이론적으로 뮤온이 이동할 수 있는 거리는 600미터밖에 안 됩니다. 이는 이론상 지표면에서는 뮤온 입자를 검출할 수 없다는 뜻입니다.

　그런데 문제는 뮤온이 실제로는 지표면에서 검출된다는

것입니다. 뮤온은 어떻게 지구 대기권을 통과하여 지표면까지 올 수 있었을까요? 과학자들은 뮤온이 거의 빛의 속도만큼의 빠른 속도로 이동하기 때문에, 시간이 지연되어 지표면에 도달할 만큼 수명이 증가했다고 생각합니다. 뮤온의 관점에서 생각해 보면, 길이 수축으로 지표면까지의 거리가 짧아졌기 때문에 지표면에 도달할 수 있었다고 할 수 있습니다.

새로운
중력 개념

아인슈타인은 관성계에서의 물체의 운동을 다룬 특수상대성이론을 발표한 지 10년 후에 일반상대성이론을 발표합니다. 일반상대성이론은 뉴턴의 중력 개념과는 전혀 다른 중력 개념을 제시하는 이론입니다. 일반상대성이론은 두 가지 기본 개념을 바탕으로 만들어졌는데, 하나는 관성계뿐만 아니라 가속계에서도 똑같은 물리법칙이 적용된다는 것이고, 또 하나는 '등가 원리'라고 부르는 개념입니다.

등가 원리란 무엇일까요? 어떤 우주인이 창문을 모두 검은색 커튼으로 가린 우주선을 타고 우주 공간을 날아가고 있다고 생각해 보죠. 만약 우주선이 등속으로 나아간다면, 우주인은 우주선이 움직이고 있다는 것을 전혀 느끼지 못할 거예요. 그런데 우주인이 어느 순간 갑자기 자신의 몸을 아래쪽으로 끌어당기는 느낌을 받았다고 가정한다면, 밖을 내다볼 수 없는 우주인은 그 이유가 뭐라고 생각할까요? 가능성은 두 가지입니다. 하나는 '아, 우주선이 지금 가속을 했구나. 그래서 내가 관성 때문에 아래로 당겨진다고 느끼는구나'라고 생각할 수 있습니다. 엘리베이터가 위로 올라갈 때, 관성에 의해 몸이 아래로 당겨진다고 느끼는 것과 같은 원리죠. 다른 하나는 '아, 내가 굉장히 중력이 강한 천체 주변을 지나고 있구나. 그래서 천체의 중력 때문에 내가 아래로 당겨지는구나'라고 생각할 수 있습니다. 우주인은 커튼을 열어서 밖을 내다보지 않는 이상 자기 몸이 아래로 당겨진 이유가 중력 때문인지 관성 때문인지 알 수가 없습니다. 이처럼 아인슈타인은 가속에 의한 관성력을 중력과 구분할 수 없다고 여겼고, 이를 등가 원리라는 말로 표현한 것입니다.

먼저, 그림 (가)처럼 어떤 우주선이 위쪽으로 가속하고 있는 상황을 생각해 보세요. 이때 만약 A 지점에서 점선을 따라 오른쪽으로 똑바로 빛을 쏜다면, 실제로 빛은 직진하지만, 우주선이 위로 가속하고 있으므로 우주선 안에 탄 사람이 보면 빛은 실선처럼 아래쪽으로 휘어지는 것처럼 보일 거예요. 시간이 지날수록 우주선은 위로 올라갈 테니까 우

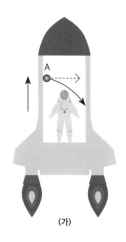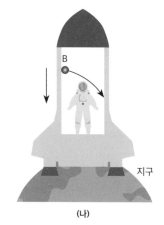

(가)   (나)

아인슈타인의 등가 원리

주인에게는 빛이 점점 우주선의 바닥 쪽으로 오는 것처럼 보이겠지요. 이를 한마디로 표현하면, 가속하는 계에서는 빛이 휘어져 보인다고 할 수 있습니다. 등가 원리에 의하면, 가속하는 상황에서 벌어진 일은 중력을 받는 상황에서도 똑같이 벌어집니다. 그림 (나)처럼 중력이 작용할 때도 빛은 똑같이 휘어져 보이는 것이지요.

문제는 그때까지 과학자들이 받아들이던 뉴턴의 중력 개념으로는 빛의 휘어짐을 설명할 수 없다는 것이었어요. 뉴턴의 보편중력의 법칙은 질량이 있는 물체들 사이에 직선으로 잡아당기는 힘만을 설명하고 있었거든요.

이 문제를 해결하는 과정에서 아인슈타인은 혁명적인 발

상을 합니다. 중력에 대해 완전히 새로운 생각을 해낸 것이죠. 그는 중력이 작용할 때 빛이 휘어지는 이유는 공간 자체가 휘어져 있기 때문이라고 결론 내립니다. 아인슈타인의 중력 개념은 질량이 있는 물체들 사이의 끌어당김이 아니라 질량이 있는 물체 주변에서 공간이 휜다는 것을 말합니다. 이 설명에 의하면 지구가 태양 주위를 공전하는 이유는 태양 주변의 휘어진 공간을 따라 지구가 움직이기 때문이라고 설명할 수 있습니다. 달이 지구 주위를 공전하는 이유도 마찬가지로 설명할 수 있었죠.

질량이 있는 천체 주변의 공간이 휘어 있다는 것은 무엇을 의미할까요? 공간이 휘어 있다는 것은 어떤 사건이 일어나기 위해 빛이 도달해야 할 거리가 그만큼 더 길어짐을 의미합니다. 예를 들어, 공간의 휘어짐이 질량 때문이라면, 질량이 큰 천체 주변에서는 공간이 더 많이 휘겠지요. 블랙홀처럼 질량이 엄청나게 큰 천체 주변에서는 공간이 엄청나게 많이 휠 거예요. 따라서 블랙홀 주변에서는 시간도 엄청나게 지연됩니다. 영화 〈인터스텔라〉를 보면, 아버지가 블랙홀 주변을 여행하고 지구로 돌아와 할머니가 된 딸과 재회하는 장면이 나옵니다. 딸이 보기에 아버지의 시간이 엄청나게 지연된 것이지요. 이처럼 아인슈타인에게 시간과 공간은 서로 분리되어 독립적으로 존재하지 않고, 시공간으로서

서로 연결되어 있습니다.

증명된
일반상대성이론

그렇다면 일반상대성이론은 어떻게 증명되었을까요? 질량을 띤 물체 주변에서 정말로 공간이 흰다는 것은 1919년에 밝혀집니다. 그해 5월 29일에 개기일식이 일어났는데, 영국의 천문학자 아서 스탠리 에딩턴Arthur Stanley Eddington, 1882-1944이 이끄는 관측 팀은 개기일식이 가장 잘 관측되는 중앙아프리카 서해안 지역에서 별빛 사진을 찍었습니다. 이를 분석한 결과 실제로 태양 주변에서 별빛이 흰다는 사실을 알아냈죠. 사실 별빛은 직진했지만, 별빛이 태양 주변의 흰 공간을 나아가다 보니 흰 것처럼 보였던 것입니다.

　일반상대성이론에 관한 가장 최근의 증명은 2015년에 검출된 중력파입니다. 중력파란 블랙홀 같은 거대한 질량을 가진 천체들이 부딪칠 때, 우주 공간에서 급격하게 중력이 변하면서 공간의 휘어짐이 달라지는 현상이 파동의 형태로 전달되는 것을 말합니다. 아인슈타인이 일반상대성이론을 발표한 지 100년 만의 일이었어요.

일반상대성이론을 증명한 중력파. 그림처럼 블랙홀 두 개가 부딪칠 때 주변의 시공간이 뒤틀리며 중력파가 방출된다.

　이처럼 아인슈타인은 뉴턴의 절대적 시간과 절대공간이라는 개념을 버리고, 빛의 속도는 변하지 않는다는 기본 전제를 바탕으로, 20세기 가장 유명한 이론인 상대성이론을 완성했습니다. 광속 불변의 법칙으로 우주를 바라봄으로써, 시간과 공간은 절대성을 가지지 않으며, 둘은 서로 분리된 개념이 아님을 보여 준 것입니다.

생명과학은 인류에게
어떤 도움이 될까

생명과학은 생명의 본질에 관한 지식을 얻는 데서 그치지 않고, 그 지식을 인류의 복지를 위해 쓰는 일까지 연구하는 학문입니다. 그렇다면 생명과학은 인류를 위해 어떤 공헌을 하고 있을까요?

인류 삶을 향상시킨
생명과학

생명과학은 인류 복지에 많이 사용되었습니다. 페니실린을 발견해 환자를 치료한 것이 대표적인 예이지요. 1928년, 영국의 세균학자 알렉산더 플레밍Alexander Fleming, 1881-1955

은 포도상구균을 배양하던 중 푸른곰팡이 주변에서는 세균이 자라지 않는 것을 발견하고, 포도상구균의 증식을 방지하는 물질을 분리해 페니실린이라고 불렀습니다. 세균의 바깥쪽은 세포벽이 감싸고 있는데, 페니실린은 세균의 세포벽 합성을 방해해 세균 증식을 억제했습니다. 페니실린이 실제로 환자 치료에 적용되기 시작한 것은 그로부터 약 10년이 지난 후였습니다.

면역에 관한 생물학적 지식은 COVID-19 백신이나 치료제를 만드는 데도 이용되었습니다. 암세포가 어떻게 만들어져 증식하는지에 관한 생물학적 지식을 바탕으로 암 치료 신약을 개발하거나, 관절 부위의 세포 활동에 관해 연구해서 관절염약을 개발하기도 합니다. 또 세균에 관한 생물학적 지식을 바탕으로 세균에 의해 분해되는 바이오 플라스틱을 만들어 내 플라스틱의 생산, 사용, 폐기 과정에서 발생하는 오염 문제를 해결하려고 노력합니다.

생명과학의 분야에서도 생물의 유전자를 인공적으로 조작해 인간에게 필요한 물질을 얻어 내는 학문을 '유전공학genetic engineering'이라고 합니다. 유전공학을 '유전자 변형' 혹은 '유전자 조작'이라고도 합니다. 유전공학자들은 한 생물의 유전자를 다른 생물의 유전자에 끼워 넣어 새로운 유전자 조합을 만들어 낸 다음, 이를 이용해 원하는 물질을 원하는 양만큼 만들어 인류에게 도움을 주고자 노력하고 있습니다. 예를 들어, 살충제에 강한 저항성을 가진 유채꽃을 만들어 식물성 기름 생산량을 늘리는 식이지요.

유전자 조작을 하려면 DNA 중 원하는 부분을 자르는 방법, 잘라 낸 부위에 원하는 유전자를 끼워 넣는 기술, 그리고 그렇게 재조합된 DNA를 대량으로 증식하는 방법 등에 관한 지식이 필요합니다. 그러자면 DNA 구조뿐만 아니라 DNA 속 유전정보가 어떻게 작동하는지를 먼저 알아야 합니다.

유전자 DNA의 발견

DNADeoxyribo Nucleic Acid는 세포의 핵 속에 들어 있는 산성의 물질 중 하나입니다. 유전자를 이루는 물질이지요. 과학자들은 어떤 과정을 거쳐 이 DNA의 구조를 밝혀냈을까요?

핵 속에 산성을 띤 물질이 들어 있다는 사실은 20세기 이전에 이미 알려졌습니다. 1869년 스위스 의사이자 생물학자였던 요하네스 프리드리히 미셰르Johannes Friedrich Miescher, 1844-1895가 백혈구를 연구하다 고름 속에 들어 있던 백혈구의 핵 속에서 핵산을 처음으로 발견했어요.

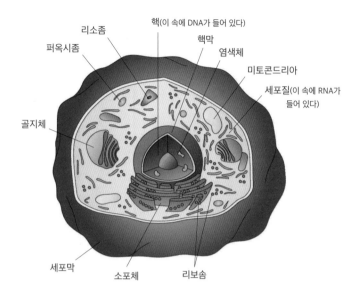

리소좀

퍼옥시좀

핵(이 속에 DNA가 들어 있다)

핵막

염색체

미토콘드리아

세포질(이 속에 RNA가 들어 있다)

골지체

세포막

소포체

리보솜

세포의 구조

핵산의 구성과 기능에 관한 연구는 20세기 초부터 시작되었습니다. 러시아 출신의 미국 생화학자 피버스 레빈Phoebus Levene, 1863-1940은 핵산 속에서 2종류의 당을 분리해 냈고, 당의 종류에 따라 핵산을 DNA와 RNA 2종류로 나누었습니다. 또 DNA가 당과 인산 그리고 염기로 이루어져 있다는 사실도 알아내죠. 이 중 DNA를 구성하는 염기는 아데닌A, 구아닌G, 시토신C, 티민T 4종류라는 것도 밝혀내고요. 또한 염기-당-인산이 모여 뉴클레오타이드nucleotide라고 하는 기본 단위를 이루고, 이 뉴클레오타이드가 사슬 형식으로

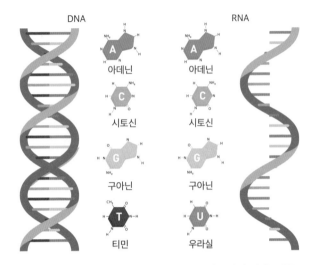

핵산은 DNA, RNA 2종류이다. DNA는 아데닌·시토신·구아닌·티민 4종류로 구성되어 있고, RNA 역시 4종류로 구성되어 있는데 티민 대신 우라실U이 들어 있다.

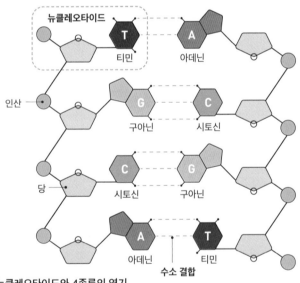

뉴클레오타이드와 4종류의 염기

모여서 DNA를 만든다는 사실도 알아냅니다.

하지만 DNA의 구조를 알게 된 것은 그로부터 꽤 오랜 시간이 지난 1953년입니다. 사실 1951년 이전까지 DNA에 관한 연구는 크게 주목을 받지 못했습니다. 대부분 생물학자가 유전자의 본체가 DNA가 아니라 단백질이라고 생각했기 때문입니다. 유전자는 상당히 복잡한 물질일 것이라고 생각했던 생물학자들에게 DNA는 너무 단순해 보였거든요.

그러다 1951년, 미국의 유전학자 허시Alfred Day Hershey, 1908-1997와 체이스Martha Cowles Chase, 1927-2003가 실험을 통해 유전자가 DNA라는 사실을 밝혀냅니다. 허시와 체이스는 세균에 기생하는 바이러스인 박테리오파지bacterio phage를 실험에 이용했습니다. 박테리오파지는 DNA와 단백질 껍질로만 구성된 아주 단순한 구조였어요. 허시와 체이스는 방사성 동위원소 추적법*을 이용해, 박테리오파지를 구성하는 단백질과 DNA 중 DNA만이 대장균 안으로 들어간다는 사실을 확인합니다. 박테리오파지가 증식하는 데

방사성 동위원소 추적법

동위원소는 질량은 다르고 화학적 성질은 같은 원소이다. 생물체는 동위원소들을 구분하지 못하고 모두 대사에 이용한다. 방사성 동위원소를 이용하면, 생체 내에서 특정한 원소가 이동하는 경로를 추적할 수 있다.

1953년 체이스(왼쪽)와 허시

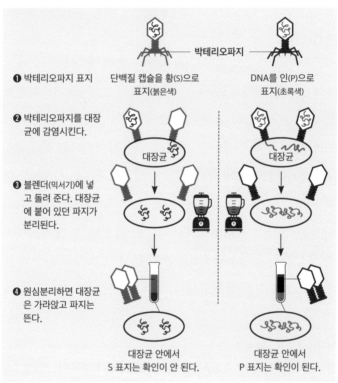

체이스와 허시의 실험

필요한 것은 단백질이 아니라 DNA임을 증명한 것이지요.

DNA가 유전자라는 사실이 밝혀지자, 단백질 이상으로 중요한 물질로 대우받기 시작합니다. 그리고 DNA 구조를 밝히는 일에 많은 과학자가 뛰어들지요. 특히 영국 런던대학교 킹스칼리지 연구팀, 영국 케임브리지대학교의 캐번디시 연구팀, 그리고 미국 캘리포니아 공과대학 연구팀이 열심히 매진합니다.

마침내 DNA 구조를 밝혀낸 것은 미국의 생물학자 제임스 왓슨James Watson, 1928- 과 영국의 생물학자 프랜시스 크릭Francis Crick, 1916-2004입니다. 이들은 캐번디시 연구팀에 속했지요.

두 사람이 처음부터 성공한 것은 아닙니다. DNA 구조 모형을 만들려다 실패를 거듭했지요. 의기소침한 이들을 다시 일으켜 세운 것이 허시와 체이스의 실험 결과였습니다.

DNA의 비밀

1950년대 초반에는 DNA 구조의 비밀을 풀 열쇠들이 거의 동시적으로 발견되고 있었어요. 그중 하나가 오스트리아 출신의 미국 생화학자 어윈 샤가프Erwin Chargaff, 1905-2002가

1950년에 밝혀낸 '샤가프의 법칙'입니다. 샤가프는 DNA를 구성하는 염기 조성에 일정한 규칙성이 있음을 알아냈는데, 그것은 아데닌과 티민의 양이 같고, 구아닌과 시토신의 양이 같다는 것이었습니다. 여기에 영국의 화학자 존 그리피스John Griffith, 1928-1972의 발견이 더해져 DNA 구조가 서서히 밝혀집니다. 그리피스는 1951년, 아데닌과 티민이 서로 결합하고 구아닌과 시토신이 서로 결합한다는 사실을 밝혀냈어요.

DNA 구조를 밝히는 데 결정타를 날린 사람은 킹스칼리지 연구팀의 로절린드 프랭클린Rosalind Franklin, 1920-1958이라는 여성 물리학자입니다.

프랭클린은 DNA에 X선을 쪼여 DNA가 이중나선 구조임을 짐작하게 하는 사진을 찍었습니다. 1953년 2월 킹스칼리지를 방문한 왓슨이 이 사진을 보고는 큰 자극을 받지요. 그리고 자신의 생각과 달리 DNA가 이중나선 구조일지도 모른다고 생각하기 시작합니다. 동료 크릭에게도 이 소식을 전해 두 사람은 새로운 DNA 모형을 만들기 시작했고, 이중나선 구조일 때 DNA 구조가 안정된다는 것을 확인합니다. 마침내 DNA 구조가 밝혀진 것이지요!

왓슨과 크릭이 DNA 구조에 관해 쓴 128줄짜리 짧은 논문은 1953년 4월 25일에 세계적인 과학 학술지인 《네이처》

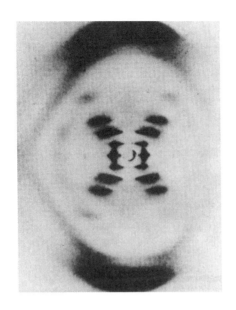

프랭클린이 찍은 DNA X선
회절 사진

에 실립니다. 생물학 역사상 가장 유명한 논문이 됩니다. 왓슨과 크릭은 DNA 구조를 밝힌 공로로 1962년에 노벨생리의학상을 받습니다.

DNA 이중나선 구조의 발견은 분자생물학이라는 학문이 탄생하는 직접적 계기가 되었습니다. 과학자들은 'DNA 염기서열은 어떤 과정을 거쳐서 발현되는가?'라는 질문을 던졌고, 이러한 질문에 대한 답을 찾는 과정에서 분자생물학이 크게 발전할 수 있었던 것이지요. 분자생물학의 가장 핵심 원리는 '중심원리central dogma*'입니다. 유전자가 발현되는 과정이 DNA → RNA → 단백질의 순서로 이루어진다는

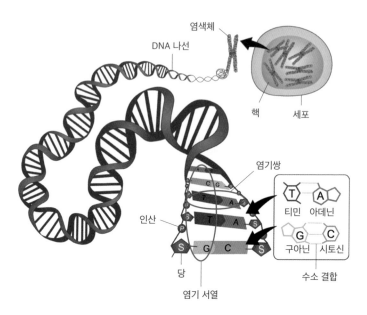

DNA 구조

원리죠. 물론 RNA에서 DNA로 정보가 거꾸로 전달되는 예
도 있기는 하지만요.

중심원리 ─────────────────────────

1958년 크릭이 처음 제안한 개념이다. 생물이 가지는 유전 정보가 생체 물질인
단백질을 어떻게 만드는지 그 과정을 설명한 가설이다. DNA의 유전 정보는 RNA
를 거쳐 단백질로 전달되며, 그 반대 방향으로는 전달되지 않는다는 것이 핵심
이다. 물론 예외도 있지만, 여전히 DNA → RNA → 단백질, 이 순서는 정보 전달의
보편적인 방향이다. 중심원리에서 '중심'은 생명체를 존재하게 하는 핵심을 말
한다. 그 핵심에는 생명 현상을 유지시키는 단백질이 있고, 그 단백질의 정보는
DNA에 있다. 중심원리는 DNA에서 단백질이 만들어지는 과정을 밝힌 것이다.

유전자를
활용하는 시대

DNA에서 단백질까지 유전정보가 어떻게 전달되는지, 그리고 그 과정은 어떤 방식으로 조절되는지가 밝혀지자, 과학자들은 DNA를 조작해서 인간에게 이로운 물질을 만들어 낼 수도 있겠다고 생각합니다. 마침내 1973년, 미국의 생화학자 스탠리 코헨Stanley Cohen, 1922- 과 허버트 보이어 Herbert Boyer, 1936- 는 DNA를 조작해서 재조합 유전자를 만드는 데 성공합니다. 유전공학이라는 학문이 탄생하는 순간이었죠. 이후 유전공학은 유전자재조합식품GMO, 인간 유전체 연구, 줄기세포 연구, 노화 연구 등의 분야에서 많은 성과를 거두었습니다.

유전공학을 대표하는 기술은 '유전자 재조합' 혹은 'DNA 재조합'입니다. 말 그대로 유전자를 다시 조합하는 기술이란 뜻이지요. 그럼, 어떤 과정을 거칠까요? 이 과정을 알려면 먼저 제한효소를 알아야 합니다. 제한효소는 외부 DNA(주로 바이러스)가 침입하면 세균이 자신을 보호하기 위해 침입자의 DNA를 절단해서 기능을 못하게 하는 일종의 방어 효소입니다. 지금까지 약 3천 종의 제한효소가 발견되었는데 대부분은 세균에서 유래합니다.

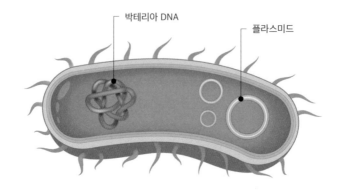

플라스미드는 세균의 DNA와 별도로 존재하면서 스스로 복제하는 작은 크기의 원형 DNA이다.

재조합 DNA를 만들려면 대장균 세포에서 '플라스미드'라는 고리 모양의 DNA를 꺼냅니다. 플라스미드는 세균의 DNA와 별도로 존재하면서 스스로 복제하는 작은 원형 DNA입니다. 그다음 제한효소를 이용해서 플라스미드의 특정 부분을 잘라 냅니다. 그리고는 원하는 DNA 부위, 예를 들어 인슐린 유전자를 잘라 내 플라스미드의 빈자리에 가져다 붙이는 것이죠. 인슐린 유전자가 외부에서 들어온 유전자임을 인지하지 못하는 대장균은 빠른 속도로 증식합니다. 그 과정에서 다량의 인슐린을 생산해 낼 수 있습니다. 실제로 DNA 재조합 기술을 이용해 인슐린을 대량으로 생산한 것이 1978년이었으니, 이 기술은 상당히 선도적인 유

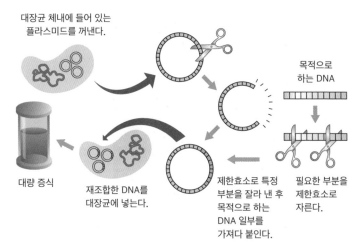

대장균 체내에 들어 있는
플라스미드를 꺼낸다.

목적으로
하는 DNA

대량 증식

재조합한 DNA를
대장균에 넣는다.

제한효소로 특정
부분을 잘라 낸 후
목적으로 하는
DNA 일부를
가져다 붙인다.

필요한 부분을
제한효소로
자른다.

DNA 재조합 기술

전공학 기술이라고 할 수 있습니다.

유전자 재조합으로 만든 또 다른 예로는 무르지 않는 토마토가 있습니다. 무르지 않는 토마토는 세계 최초의 유전자 변형 식품입니다. 무르지 않는 토마토를 만들려면 먼저 토마토의 유전자 중에서 토마토를 무르게 만드는 유전자를 찾아낸 다음, 이 유전자의 활동을 억제하는 새로운 유전자를 만들어 냅니다. 억제 유전자를 세균 속에서 대량 증식한 다음 토마토에 주입하면, 무르지 않는 토마토가 만들어지는 것이죠. 이 토마토는 플레이버 세이브FLAVR SAVR라는 상표를 달고 1994년에 처음 유통되었습니다. 하지만 이 토마토는 비싸고 잘 익지 않아 맛이 없었기에 실패로 기록되었죠.

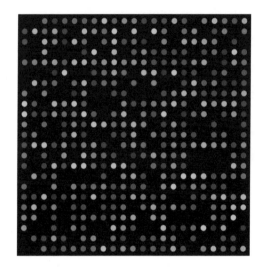

DNA 칩

2022년에 영국에서는 강력한 항산화 물질인 안토시아닌을 다량 함유한 보라색 토마토가 개발되어 시판 승인을 받았어요. 우리의 식탁에 보라색 토마토가 오를 날도 머지않은 듯합니다.

이 외에도 중합효소 연쇄 반응polymerase chain reaction, PCR, DNA 칩, 유전자 가위 등이 유전공학 기술로 유명합니다. 1988년에 등장한 중합효소 연쇄 반응은 DNA를 증폭시키는 방법이에요. 과학 수사에서 범인의 흔적을 분석하거나 유전병 등을 진단할 때 쓰이는 기술이지요. COVID-19 감염 여부를 확인할 때도 쓰인 기술입니다.

여러분은 본인에게 암 유전자가 있는지 궁금하지 않나

크리스퍼 카스나인을 발견해 2020년에 노벨화학상을 받은 에마뉘엘 샤르팡티에 (왼쪽)와 제니퍼 다우드나

요? 1994년에 개발된 DNA 칩을 이용하면 암 유전자가 있는지 쉽게 알아볼 수 있어요. DNA 칩을 만드는 원리는 간단해요. 먼저 이미 염기 서열을 알고 있는 DNA 단일 가닥을 칩의 특정 위치에 부착해요. 그다음 혈액이나 세포에서 추출해 만든 DNA 단일 가닥을 칩에 넣어 보는 것이죠. 예를 들어 DNA 칩에 폐암 유전자를 넣었는데, 나의 세포에서 추출한 DNA가 이 암 유전자와 결합한다면 나에게는 폐암 유전자가 있다고 할 수 있어요.

최근에는 어떤 유전자가 있는지 미리 알아보는 데서 나아가 질병 유전자를 가위질하듯 잘라 내는 기술도 발달했어요. 이러한 유전공학 기술을 '유전자 가위'라고 합니다. 유전자 가위는 변이가 일어난 부분의 DNA만을 정교하게 잘라 낸 다음, 잘라 낸 곳을 정상 DNA로 대체함으로써 질병 등을 예방하고자 하는 기술이죠. 최신의 유전자 가위는 '크리스퍼 카스나인CRISPR-Cas9'입니다.

지난 50년간 유전공학은 놀라울 정도로 기술적 진보를 이루었어요. 생명과학 연구를 통해 밝혀낸 지식은 유전공학이라는 새로운 학문을 통해 인류의 복지에 공헌해 왔지요. 그렇다면 유전공학의 미래는 무엇일까요? 이에 답하려면 기술적인 문제뿐만 아니라 윤리적인 문제, 자연과 인간의 관계 등에 대해 폭넓게 고민해 보는 자세가 필요하지 않을까요?

과학의 역사에서
여성 과학자는
어떤 역할을 했을까

과학의 역사를 살펴보면, 여성이나 기술자처럼 과학 지식 생산에 중요한 역할을 담당했음에도 역사에 이름을 남기지 못한 사람을 많이 찾아볼 수 있습니다. 이들이 역사에 이름을 남기지 못한 이유는 무엇일까요?

지워진 이름들

기술자가 과학의 역사에서 사라진 이유는 기술에 대한 과학자들의 오랜 태도에서 찾아볼 수 있습니다. 19세기까지만해도 많은 과학자가 과학과 기술을 완전히 다른 분야라고 여겼고, 기술이 과학보다 더 아래에 있다고 생각했어요. 예를 들어, 고대 그리스에서 손으로 일하는 사람들은 머리로 일하는 사람들에 비해 사회적으로 더 낮은 취급을 받았어요. 육체노동은 노예들이나 하는 품위 없는 일로 여겨졌지요.

이런 시각은 17세기 들어 조금씩 달라집니다. 앞서 말했듯이 17세기 들어서면서 자연에 관한 지식을 생산하는 데 실험의 역할이 점점 중요해졌어요. 실험을 위해서는 실험을 준비하고 실행하는 조수가 꼭 필요했지요. 하지만 이들은 보이지 않는 존재나 다름없었습니다. 예를 들어, 보일은 진공 펌프를 이용해 실험을 했는데 이 실험을 하려면 진공 펌프를 만드는 일부터 시작해 상당히 숙련된 조수의 도움이 필요했습니다. 하지만 보일의 논문에 조수의 존재는 드러나지 않았습니다.

과학의 역사에서 특히 감추어진 존재를 뽑으라면 바로 여성 과학자들입니다. 역사적으로 과학을 수행한 사람들은 대부분 남자였어요. 오랫동안 남성 과학자들은 여성이 남성보다 머리뼈 크기도 작고 지적으로 열등하므로 차별을 받는 것이 당연하다고 생각했습니다. 여성들은 대학 교육을 받기에 적합하지 않다고 묘사되는 경우도 많았죠. 노벨상 역사만 봐도 알 수 있는 일입니다. 여성 과학자가 노벨상을 받은 경우는 매우 희귀합니다. 1901년부터 2018년까지 노벨과학상 수상자 607명 중 여성은 20명에 불과합니다. 특히 낮은 부문이 노벨물리학상입니다. 2024년 현재까지 수상자는 마리 퀴리(1903), 마리아 메이어(1963), 도나 스트리클런드(2018) 딱 세 명뿐입니다.

많은 과학사학자가 과학이 주로 남성을 중심으로 실행됐기 때문에 여성들은 과학자 사회에 편입되지 못한 채 과학의 주변부로 밀려났고, 여성들이 과학에 공헌한 사실도 적극적으로 기록되지 못했다고 평가합니다. 많은 여성 과학자의 삶과 과학 활동을 발굴해 재평가하려고 노력한 이유입니다. 이런 학자들의 노력으로 과학의 역사에서 사라졌던 많은 여성 과학자가 드러나기 시작했습니다. 그중 몇을 소개하겠습니다.

최초의
여성 수학자

고대 그리스에는 특히 의학과 연금술, 수학(천문학 포함) 분야에서 여성들이 활약했습니다. 공인된 의사로 활동한 사람도 있었고, 화학 실험 도구를 개발한 사람도 있었습니다. 대표적인 수학자로는 알렉산드리아를 중심으로 활동한 히파티아Hypatia, 355-415가 있습니다. 르네상스 시대 화가 라파엘로가 그린 〈아테네 학당〉은 고대 그리스의 철학자와 수학자들을 그린 것인데, 여기에 유일하게 등장한 여성이 바로 히파티아입니다.

히파티아는 어릴 때부터 저명한 수학 교수였던 아버지에게 수학을 비롯한 예술, 문학, 자연철학 등을 배웠습니다. 특히 수학에서 뛰어난 능력을 보여 많은 학자가 그녀의 강의를 듣기 위해 몰려들었습니다. 그녀는 신플라톤주의자였는데, 이들은 우주의 비밀을 풀 열쇠가 수학에 있다고 믿었습니다.

히파티아는 죽음 때문에 더 유명해집니다. 히파티아가 살았던 시기는 기독교가 로마의 국교가 되고, 학문의 중심이 고대 그리스의 자연철학에서 기독교로 넘어가던 때였습니다. 기독교인 중에는 히파티아로 대변되는 그리스 자연철학을 이교도로 간주하는 이가 많았지요. 412년 알렉산드리아의 주교가 된 키릴로스도 그중 하나였습니다. 히파티아는 하필 키릴로스의 정치적 반대 세력과 친해 키릴로스가 탄압할 결정적인 빌미를 제공하고 맙니다. 결국, 키릴로스의 지시를 받은 기독교 광신도들이 강의하러 가던 히파티아를 붙잡아 잔인하게 죽입니다.

중세 유럽에서 여성이 교육을 받고 학문 활동을 할 수 있는 곳은 수도원이었습니다. 수도원에서 활동한 대표적인 인

라파엘로가 1510~1511년에 로마 바티칸 궁에 그린 〈아테네 학당〉. 동그라미 친
사람이 히파티아이다.

물로는 힐데가르트 폰 빙엔Hildegard von Bingen, 1098-1179이 있습니다. 그녀는 식물학과 의학 등의 분야에서 저작을 남겼습니다.

하지만 중세에 여성의 과학 활동은 지지받지 못했고, 이탈리아 말고는 대학 입학도 금지했습니다. 다른 도시들에 비해 여성 교육이 상대적으로 자유로웠던 이탈리아에서는 많은 여성 의사가 활동했습니다. 하지만 이탈리아라고 해서 여성에 대한 차별과 편견이 없는 것은 아니었습니다.

목소리를 내기
시작한 여성들

17세기에 들어서면서 변화의 움직임이 보이기 시작합니다. 당시 대부분의 여성은 이름을 밝히지 않고 글을 썼습니다. 그런데 영국의 귀족이자 자연철학자였던 마가렛 캐번디시Margaret Lucas Cavendish, 1623-1673는 자신의 이름으로《실험철학 관찰》(1666), 《자연철학의 기반》(1668) 등을 출간합니다. 이 책들은 여성이 남성보다 열등하다는 편견을 깨는 데 도움을 주었고, 여성도 교육을 받는다면 남성들 못지않은 성과를 낼 수 있다는 믿음도 심어 주었지요. 또 비슷한

메리안의 《수리남 곤충들의 변태》에 실린 그림 중 하나. 섬세하고 사실적인 묘사가 돋보인다.

시기에 활동했던 영국의 자연철학자 앤 콘웨이Anne Conway, 1631-1679는 케임브리지의 플라톤주의자였던 헨리 모어Henry More, 1614-1687와 편지를 주고받으면서 자신의 사상을 발전시켰고, 《고대와 현대 철학의 원리》(1677)를 출판하기도 합니다.

두 사람이 활동하던 당시에는 자연을 기계로 인식하는 기계적 철학이 유행했습니다. 하지만 두 사람은 이런 관점에 반대하고 자연을 하나의 유기체로 바라보았지요. 두 사람은 단순히 지식을 받아들이는 데서 나아가 기존의 견해를 비판적으로 해석할 능력도 갖추고 있었던 것입니다.

17세기에는 여성 과학자가 진출한 분야도 다양해져서 천문학, 식물학이나 동물학 분야에서 활동한 여성 과학자도 있었습니다. 이 시기에 활동한 대표적인 여성 과학자로 독일의 자연학자인 마리아 지빌라 메리안Maria Sibylla Merian, 1647-1717이 있습니다. 메리안은 《애벌레의 놀라운 변태》(1679), 《새로운 꽃에 관한 책》(1680), 《수리남 곤충들의 변태》(1705) 같은 그림 작품집과 많은 표본을 남겼습니다. 그녀는 전통적으로 남성이 주도하던 자연사 연구에 뛰어들었다는 점에서 큰 주목을 받았어요. 예리한 관찰자였던 메리안의 기록과 그림은 이후 린네 같은 자연학자들의 중요한 연구 자료로 쓰였습니다.[6]

살롱의 과학자들

18세기를 거치면서 여성의 역할과 경험은 조금 더 확대되었습니다. 당시 유럽의 지식인들은 살롱Salon에 모여 정치, 사회, 과학을 주제로 토론하곤 했는데, 살롱에서는 남성과 여성이 함께 모일 수 있었습니다. 여성들은 살롱에서 과학 강연도 듣고 과학 도서도 읽으며 과학과 철학에 관한 관심을 키울 수 있었습니다. 이런 배경에서 성장한 대표적인 여성 과학자가 샤틀레 후작 부인으로 알려진 에밀리 드 브르퇴유Émilie de Breteuil, 1706-1749입니다. 여성이 남성보다 지능이 떨어진다는 당시의 인식 때문에 정식 교육을 받지는 못했지만, 가정교사에게서 언어와 수학을 교육받았어요. 1733년, 샤틀레 부인은 프랑스의 대표적인 계몽주의 작가 볼테르Voltaire, 1694-1778를 만납니다. 이후 볼테르와 함께 자신의 성을 살롱으로 만들어서 그곳에서 실험하고 과학자·수학자들과 교류하면서 과학 활동을 지속했습니다.

18세기 유럽 살롱은 다양한 지식을 주고 받던 지적 갈증 해소의 장소이자 사회적 관계를 형성하는 화합의 장이었다. 그림은 정규 교육을 받지 못한 프랑스 부르주아 출신의 마담 조프랭이 이끈 살롱의 모습. 〈1755년 마담 조프랭의 살롱In the Salon of Madame Geoffrin in 1755〉, 아니세 샤를 가브리엘 르모니에Anicet Charles Gabriel Lemonnier 작품

최초의 근대 여성 과
학자로 불리는 샤틀
레 후작 부인

    샤틀레 부인은 당시에 뉴턴의 《프린키피아》를 이해하는
몇 안 되는 인물이었습니다. 언어 학습 능력도 뛰어나 《프린
키피아》를 프랑스어로 번역까지 합니다. 또 볼테르와 함께
《뉴턴 철학의 개요》도 냅니다. 자신의 아홉 살짜리 아들도
이해할 수 있을 정도로 물리학을 대중적으로 쉽게 설명한
《물리학의 기초》(1740)도 출판하지요.

    샤틀레 부인은 여성이 지성을 계발할 기회를 갖지 못하
는 현실을 안타까워했어요. 교육을 통해 여성이 모든 정신
적인 특권에 참여할 수 있기를 바랐고, 기회만 있다면 여성
들이 무슨 일이든 잘 해낼 것이라고 믿었습니다.

    샤틀레 부인이 살롱을 중심으로 왕성하게 활동하던 무

렽, 대학에서 뉴턴 물리학을 가르치는 여성 과학자도 등장합니다. 이탈리아의 물리학자 라우라 바시Laura Bassi, 1711-1778가 대표적입니다. 바시는 이탈리아의 볼로냐대학교에서 물리학으로 박사 학위를 받았는데, 여성으로서는 처음이었습니다. 이후 유럽에서 최초의 여성 물리학 교수가 되지요.

이처럼 18세기 이탈리아에서는 여성 과학자들이 제도권에서 활동한 예를 찾아볼 수 있긴 합니다. 하지만 이탈리아를 제외한 대부분의 나라에서 여성은 여전히 정규 교육을 받지 못했고, 여성을 남성 아래에 두는 인식도 크게 달라지지는 않았습니다.

과학사의 빈틈

여성 과학자를 위한 정규 교육 기관은 19세기 말이 되어서야 설립됩니다. 대학을 졸업하고 과학 분야에서 일하는 여성이 서서히 늘어났어요. 20세기 초 가장 두드러진 활약을 보인 사람은 폴란드 출신의 물리학자 마리 퀴리Marie Skłodowska-Curie, 1867-1934입니다. 당시 폴란드에서는 여성을 대학생으로 뽑지 않았습니다. 마리 퀴리는 여성도 대학 교육을 받을 수 있는 파리로 가서 소르본대학교를 졸업하지요.

마리 퀴리가 활동하던 당시 물리학계의 가장 큰 관심사는 방사선이었습니다. 1895년 독일의 물리학자 뢴트겐Wilhelm Conrad Röntgen, 1845-1923이 음극선관을 이용해 X선을 발견합니다. 뢴트겐은 X선 발견으로 노벨물리학상을 받습니다. 뢴트겐이 X선을 발견하면서 과학자들은 원자들이 내보내는 방사선에 관심을 두게 되었고, 방사선을 내보내는 원소들을 찾아내려고 시간과 노력을 쏟아부었습니다. 그 결과 뢴트겐이 X선을 발견한 다음 해에 우라늄에서 방사선이 나온다는 사실이 밝혀졌습니다.

당시 마리 퀴리는 방사선 연구를 주도했습니다. 1898년 남편 피에르 퀴리Pierre Curie, 1859-1906와 함께 길고 지루한 실험을 반복한 끝에 우라늄보다 더 강한 방사성 물질인 폴로늄과 라듐을 추출하지요. 마리 퀴리는 라듐 연구 공로를 인정받아 남편과 함께 1903년에 노벨물리학상을 받습니다. 여성이 노벨상을 받은 것은 처음이었습니다. 이어서 1911년에는 라듐의 성질과 화합물에 관한 연구로 노벨화학상까지 받으면서, 노벨상을 두 번 받은 다섯 명의 과학자 중 한 명이 되지요.

물론 그렇다고 해서 마리 퀴리 이후 여성 과학자들이 모두 업적을 인정받은 것은 아닙니다. 앞서 소개한 로절린드

자신의 성과를 제대로 평가받지 못한 로절린드 프랭클린

프랭클린Rosalind Elsie Franklin, 1922-1958만 예로 들어도 알
수 있는 일입니다. 프랭클린은 앞에서도 밝혔듯이 DNA 구
조 발견에 중요한 역할을 한 DNA X선 회절 사진을 찍었습
니다. 하지만 왓슨과 크릭은 프랭클린의 이 DNA 사진을 허
락 없이 사용했습니다. 자신들의 논문에서도 그녀의 공헌을
거의 언급하지 않았고요. 두 사람은 노벨상을 받았지만 프
랭클린은 받을 수 없었습니다. 노벨상을 수여할 당시 프랭
클린은 이미 사망한 상태였고, 노벨상은 죽은 사람에게 수
여하지 않는다는 원칙 때문이었지요. 프랭클린은 20세기에
들어서도 여전히 여성 과학자가 자신의 업적을 인정받기 어
려웠던 예로 종종 인용됩니다.

다행인 것은 최근 들어 과학사학자들이 여성 과학자들을 발굴하고 과학의 역사에 그들이 어떤 일을 해냈는지 찾아내고 있다는 것입니다. 더 나아가 여성뿐만 아니라 존재가 잊힌 다양한 인물도 발굴해내고 있습니다. 몇몇 위대한 영웅 과학자 중심의 역사를 지양하려는 움직임이지요.

전쟁은 과학을
어떻게 바꾸었을까

고대 그리스부터 현대에 이르기까지 과학과 전쟁은 오랫동안 서로 밀접한 관계를 맺어 왔습니다. 예를 들어, 고대 그리스의 자연철학자 아르키메데스는 광학 법칙을 이용해 적선을 태우는 거대한 거울을 만들었다고 하고, 르네상스 시대에 활동한 레오나르도 다빈치Leonardo da Vinci, 1452-1519는 과학 지식을 활용해 거대한 투석기를 비롯한 다양한 전쟁무기 설계도를 남겼습니다.

20세기에 들어서면서 과학과 군대는 더 협력하게 됩니다. 각국 정부는 전쟁 관련 부서나 연구소를 만들기 시작했고, 거기에 유명한 과학자들이 참여해 군사 장비 등을 개발하게 되지요.

전쟁과 과학

과학 지식이 무기나 파괴 기술 개발에 직접 이용되기 시작한 것은 제1차 세계대전부터입니다. 1차 대전은 '화학자들의 전쟁' 혹은 '생화학전'이라고도 하지요. 유럽과 미국의 화학자들이 독가스를 개발해 전투에서 사용했기 때문입니다.

독가스 개발에서 가장 핵심적인 역할을 한 사람이 독일의 화학자 프리츠 하버Fritz Haber, 1868-1934입니다. 하버는 유대인이었음에도 자신의 조국을 독일이라고 생각했고, 독일을 위해 과학 지식을 적극적으로 사용하고자 했습니다.

하버는 질소 비료 개발자로도 유명해요. 비료 덕분에 식량 생산량이 크게 늘어납니다. 질소는 중요한 비료 성분 중하나인데, 공기의 약 80퍼센트가 질소인데도 식물은 질소를 바로 이용할 수가 없습니다. 질소를 비료로 이용하려면 공기 중에 있는 질소를 식물이 이용할 수 있는 형태로 바꿔주어야 하지요.

뿌리혹박테리아가 흙 사이사이에 들어간 질소와 수소를 결합해 암모니아(NH_4^+)를 만들고, 아질산균과 질산균이 암모니아를 질산이온(NO_3^-)으로 바꿔 주면, 식물 뿌리가 이 질산이온을 흡수해 단백질을 합성하는 데 이용합니다.

1904년부터 하버는 질소 비료에 사용될 암모니아를 인공적으로 합성할 방법을 연구했어요. 대기 중 질소를 이용해서 말이죠. 마침내 1910년, 철을 촉매로 1000도의 높은 온도와 높은 압력에서 질소와 수소를 결합해 암모니아를 합성해 낼 수 있었습니다. 이 발명으로 드디어 인류는 질소 비료를 대량으로 생산할 수 있게 되었고, 농업 생산성은 비약적으로 높아졌습니다. 1918년에 하버는 암모니아 합성 방법을 찾아내 인류의 식량 문제를 해결한 공로를 인정받아 노벨화학상을 받지요.

문제는 이렇게 만들어 낸 암모니아가 무기 개발에 활용될 수 있다는 것입니다. 1차 대전이 길어지면서 독일은 탄약 재료로 쓰이던 초석(질산칼륨)을 구하기가 점점 어려워졌습니

비료는 인류의 식량 고민을 덜어 준 획기적인 발명품이다.

다. 영국이 해양을 봉쇄해 버리는 바람에 남아메리카로부터 초석을 수입하던 길이 막혀 버렸거든요. 하버는 자신이 개발한 암모니아 합성법을 이용해 인공 초석을 대량 생산하여 이 문제를 해결합니다. 이는 암모니아 합성이라는 과학적 성과가 어떻게 인류를 파괴하는 무기로 악용될 수 있는지 보여 준 예입니다.

하버는 1914~1915년 사이에 염소를 이용해 독가스도 만듭니다. 1차 대전은 참호전이라고 해도 과언이 아닌데, 참호가 포탄의 피해를 덜 입게 했기 때문이지요. 하버는 독일의 승리를 위해서는 참호에 숨어 있는 연합군에게 독가스를 써야만 한다고 생각했고, 군부에 독가스 사용을 건의합니다.

하지만 한 가지 문제가 있었습니다. 헤이그 회담(만국 평화 회의)에서 채택된 조약에 독을 포함한 발사체를 사용하지 말자는 조항이 들어 있었던 것입니다. 하버는 발사체 대신 원통형 용기를 사용합니다. 용기에 염소 가스를 넣은 후 구멍을 뚫습니다. 그리고 바람을 이용해 가스를 적진으로 날려 보내는 교묘한 방법을 쓴 것이지요.

염소 가스는 1915년 4월 22일, 독일군과 영국-프랑스 연합군이 격돌했던 벨기에 이프르 전투에서 처음 사용되었습니다. 그 결과 5000명이 넘는 프랑스군이 폐 손상으로 죽고

독일의 가스 공격으로 사망한 영국군

이보다 훨씬 많은 병사가 가스에 중독되었다고 합니다. 그러자 연합군도 곧 독가스를 만들어 맞서면서 1차 대전은 화학전으로 바뀝니다. 그 과정에서 독가스를 막기 위해 방독면이 처음 개발되었지요. 1차 대전 동안 독가스 같은 화학무기로 인한 사망자가 약 10만 명에 달했다고 합니다.

1차 대전이 끝난 후에도 과학자들은 각종 연구 기관에 소속되어 전쟁 관련 기술과 무기를 개발했습니다. 그중 하나가 수중 음파 탐지기입니다. 수중 음파 탐지기는 수중에서 음파를 고속으로 쏜 후 물체에 부딪혀 되돌아오는 음파를 수신해 목표물의 방위와 목표물까지의 거리를 알아내는 장치로, 적의 잠수함을 탐지하던 기술이지요. 1차 대전 때 독일이 유보트U-boot라는 잠수함을 만들어 연합군에 큰 피해를 주자, 수중 음파 탐지기를 본격적으로 개발하기 시작했습니다.

또 레이더도 개발했습니다. 수중 음파 탐지기가 음파를 이용하는 장치라면, 레이더는 전자기파를 발사한 후 물체에 부딪혀 되돌아오는 전파를 분석해 대상물과의 거리를 측정하는 장치입니다. 레이더는 제2차 세계대전 때 영국이 독일 공군의 공습을 막는 데 큰 역할을 했습니다.

세상의 파괴자,
핵무기의 등장

과학과 지식은 제2차 세계대전을 거치며 더욱 강하게 손을 잡습니다. 과학자들은 새로운 전쟁 기술과 무기를 개발하는 등 전쟁에서 핵심적인 역할을 수행했어요. 이런 배경에서 탄생한 대표적인 무기가 바로 원자폭탄입니다. 1945년 8월 2차 대전 막바지에 미국은 일본 히로시마와 나가사키에 원자폭탄을 떨어뜨렸지요.

과학자들이 핵에너지의 이용 가능성을 알게 된 것은 1930년대에 들어서였습니다. 1932년, 영국의 물리학자 제임스 채

드윅James Chadwick, 1891-1974이 원자핵 속에서 중성자를 발견했는데 이후 과학자들은 중성자를 원자에 충돌시켜 원자핵을 변환할 수 있다는 사실을 알아냅니다. 2차 대전이 시작되기 직전, 독일 화학자 오토 한Otto Hahn, 1879-1968과 프리츠 슈트라스만Fritz Strassmann, 1902-1980이 원자번호가 92번인 우라늄(우라늄-235)에 중성자를 쏘면 우라늄의 핵이 쪼개지면서 두세 개의 중성자가 나오고, 이 중성자들을 다시 우라늄 핵에 쏘면 연속적으로 핵분열이 일어난다는 사실을 밝혀낸 것이죠. 이러한 반응을 연쇄 반응chain reaction이라고 합니다. 중요한 점은 원자핵이 연속적으로 쪼개지는 과정에서 어마어마한 양의 에너지가 발생한다는 사실이었어요. 이는 연쇄 반응을 이용해 엄청난 위력을 가진 핵폭탄을 만들 수 있음을 의미합니다.

독일이 먼저 핵폭탄을 만든다면 2차 대전이 독일의 승리로 끝날 것이라고 우려한 연합국은 비밀리에 원자폭탄 개발 계획을 세웁니다. 계획의 암호명은 '맨해튼 프로젝트the Manhattan Project'입니다. 영화 〈오펜하이머〉에 이 프로젝트 진행 과정이 자세히 나오지요. 맨해튼 프로젝트는 영국과 미국 등의 정부, 군대, 산업체, 과학자가 모두 개입한 엄청난 규모의 다국적 프로젝트였습니다.

맨해튼 프로젝트가 성공하려면 여러 조건이 맞아떨어져

맨해튼 프로젝트에 관한 영화 〈오펜하이머〉 스틸 컷

야 했습니다. 먼저 연쇄 반응에 필요한 중성자 속도를 조절할 수 있어야 했습니다. 중성자 속도가 너무 빠르면 핵분열이 일어나지 않거든요. 두 번째, 핵분열을 연쇄적으로 일으킬 만큼 우라늄과 플루토늄 양을 확보해야 했습니다. 세 번째, 원자폭탄을 설계하고 개발해야 했습니다.

과학자들은 독일이 공습할 가능성이 적은 미국에서 주로 연구를 수행했습니다. 원자폭탄은 1945년 7월에 성공적으로 시험 폭파되었고, 약 한 달 뒤 일본에 떨어진 것이지요.

원자폭탄은 핵분열에 관한 물리, 화학 지식에서 시작되었습니다. 과학이 산업체, 군대 등과 손을 잡아 벌어진 일입니다. 인공지능, 정찰용 드론, 빅데이터, 로봇, 위치 정보 시스템, 클라우드 컴퓨팅, 극초음속, 우주 등의 분야에서도 과학과 전쟁 기술은 여전히 밀접한 관계를 맺고 있습니다.

컴퓨터, 전자레인지도
전쟁의 산물

전쟁에 사용되었던 많은 기술이 민간으로 퍼져 나갔습니다. 오늘날까지도 일상생활에 다양하게 이용되고 있어요. 몇 가지 살펴볼게요.

첫 번째로, 컴퓨터입니다. 세계 최초의 컴퓨터는 1943년 12월 영국에서 만든 콜로서스Colossus입니다. 보통 세계 최초의 컴퓨터로 알고 있는 에니악ENIAC보다 3년 먼저 만들어졌어요.

1943년 당시 독일군은 에니그마Enigma라는 기계로 작성한 암호를 모스 부호로 바꾸어 서로 연락을 주고받았습니다. 영국 정부는 수학자이자 암호학자였던 앨런 튜링Alan Mathison Turing, 1912-1954에게 에니그마의 암호를 풀어 달라고 요청했고, 튜링은 복잡한 연산이 가능한 암호 해독기 즉 최초의 컴퓨터를 만들어 독일군의 암호를 해독합니다.

최초의 컴퓨터 콜로서스

콜로서스를 이용한 가장 유명한 전투가 노르망디 상륙 작전입니다. 연합군은 콜로서스를 이용해 독일군의 암호를 해독합니다. 독일군이 연합군의 상륙 지점을 칼레라는 지역 으로 예상한다는 사실을 알아냈고, 1944년 6월 6일 노르망 디 상륙 작전을 계획대로 감행할 수 있었죠.

전자레인지도 2차 대전의 산물입니다. 1940년에 영국의 물리학자들은 마그네트론이라는 진공관 장치를 발명했는 데, 극초단파를 발생시킬 수 있는 장치였어요. 단거리 레이 더 시스템의 정확도를 높이는 데 필요한 장치였죠. 1945년, 미국의 한 레이더 제작 업체에서 일하던 기술자 퍼시 스펜서Percy Spencer, 1894-1970는 마그네트론에서 방출되는 극초단파를 수분에 쏘면 수분 온도가 높아진다는 사실을 알아냅니다. 이는 극초단파로 음식을 따뜻하게 데울 수 있음을 의미했어요. 레이더의 부품이었던 마그네트론을 소형으로 만들어 발명한 것이 바로 전자레인지입니다.

2차 대전 종전 직후 레이더와 수중 음파 탐지기는 의료용으로 사용되기 시작했는데, 산부인과에서 태아의 성장 과정을 관찰하는 데 쓰는 초음파 검사 기계가 그 예입니다.

2차 대전 중에 독일이 개발한 제트 엔진은 전쟁 이후에 더 발전합니다. 독일의 물리학자이자 로켓 과학자 베르너 폰 브라운Wernher von Braun, 1912-1977은 나치 독일에 협력해 V 로켓을 개발했는데, 그중 가장 유명한 것이 세계 최초의 장거리 로켓인 V2 로켓입니다. 일종의 탄도미사일이었죠. 제트 엔진은 로켓의 핵심 부품이었습니다.

독일이 2차 대전에서 패배하면서 미국, 영국, 소련 등은 독일의 로켓 기술을 얻어 내기 위해 경쟁했고, V2 로켓 개발의 핵심 인물이었던 베르너 폰 브라운과 연구진은 미국에 투항합니다. 이들은 1958년 미국 항공 우주국인 나사NASA가 설립되면서 나사로 옮겨 갔고, 미국의 우주 개발에 중요한 역할을 하게 됩니다.

과일 맛 청량음료인 환타도 2차 대전의 산물입니다. 전쟁

직전 독일에서는 코카콜라가 큰 인기를 끌었습니다. 그런데 전쟁이 발발하자 미국에서 코카콜라 원액을 공급받을 수 없게 되죠. 코카콜라 독일 지사의 책임자였던 막스 카이트Max Keith, 1903-1987는 콜라를 대체할 음료를 고민하다 환타를 발명합니다. 종전 후 환타는 코카콜라의 정식 브랜드가 됩니다.

2차 대전 당시 코카콜라 대용으로 개발된 환타

심해의 비밀을 밝힌
군사 기술

한편 전쟁 중에 개발된 군사 기술이 과학의 발전으로 이어진 경우도 있어요. 대표적인 예가 판구조론입니다. 마그마가 냉각되어 암석으로 굳어질 때 암석 속에 들어 있는 자철석은 지구 자기장의 방향으로 배열됩니다. 영국의 지구물리학자 패트릭 블래킷Patrick Blackett, 1897-1974은 해저에 설치된 자기 기뢰를 찾아내기 위해 2차 대전 때 개발된 군사 기술을 이용해 암석에 기록된 지구 자기장의 방향을 분석했고, 이를 통해 대륙이 이동한다는 사실을 확인합니다. 냉전 시대가 끝나는 1990년대 초까지 세계 각국의 해군은 핵잠

해저의 열수분출공. 군사 기술을 활용해 심해도 탐험할 수 있게 되었다.

수함의 위협에서 벗어나고자 촉각을 곤두세웠는데, 핵잠수함 탐지를 위해 개발된 심해 탐사 기술을 이용해 해저 암석들의 형성 시기를 밝혀 낸 것도 판구조론 정립에 큰 도움이 되었지요.

또, 과학자들은 수중 음파 탐지기 등을 이용해 대양 한가운데에 대규모 해저 산맥이 있고, 이 해저 산맥의 꼭대기에 지하의 마그마가 올라와 새로운 암석층이 만들어지고 있다는 사실도 알아냅니다. 지구물리학자들과 해양학자들은 이러한 사실을 종합해서 지구의 지각이 몇 개의 판으로 나뉘어 있고, 이 판들이 수평 방향으로 이동하고 있다는 판구조론을 확립합니다.

　지금까지 살펴본 것처럼 과학은 전쟁과 밀접한 관계를 맺어 왔고, 심지어 전쟁을 통해 과학 기술이 발전하기도 했습니다. 하지만 전쟁의 참상을 생각한다면, 과학이 있어야 할 자리가 어디인지 계속 반성하는 자세도 필요하지 않을까요.

언제부터 우주 개발을
꿈꾸었을까

2022년 6월 21일, 한국형 발사체 누리호가 두 번째 시도 끝에 나로우주센터에서 성공적으로 발사되었습니다. 1992년 8월 국내 첫 위성 '우리별 1호'를 발사한 지 30년 만의 일이었지요. 누리호는 1단, 2단 추진체와 페어링을 단계적으로 분리하고, 싣고 간 위성을 700킬로미터 목표 궤도에 무사히 올려놓았습니다. 우리나라는 이제 세계 7대 우주 강국이 되었습니다.

그런데 우주 개발 경쟁은 언제부터 시작된 것일까요? 왜 과학자들과 기업가들은 성과가 없을지도 모를 이 분야에 천문학적인 시간과 돈을 쏟아붓는 것일까요?

임진왜란 때
활약한 로켓

우주 연구의 역사는 인류의 역사만큼이나 오래되었습니다. 16~17세기 근대에 들어 우주과학의 기초가 마련되었고요. 16세기 중반 코페르니쿠스의 '태양중심설'을 지나 갈릴레오, 케플러, 뉴턴을 거치며 우주의 구조와 천체 운동에 관한 이해가 점점 깊어졌습니다. 지금은 우주를 개발하고 이용할 길을 찾고 있습니다.

우주를 개발하려면 무엇이 필요할까요? 먼저 우주 발사체, 즉 로켓이 필요하겠죠. 로켓이 있어야 인공위성이나 우주선을 우주로 보낼 수 있으니까요. 로켓 발사에는 뉴턴의 세 번째 운동 법칙인 '작용-반작용의 법칙'이 적용됩니다. 로켓에 장착된 엔진이 연료를 태워 가스를 발사하면, 로켓은 반작용 때문에 가스가 발사되는 반대 방향 즉, 우주로

세계 최초의 로켓, 비화창

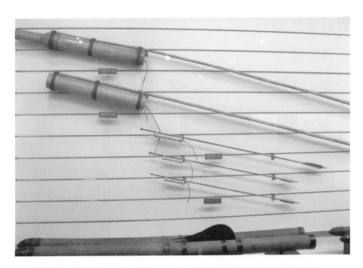

신기전(위)과 신기전을 꽂는 신기전기. 신기전 작동 원리는 간단하다. 신기전의 앞부분에 달린 종이통에 화약을 채운 후 심지에 불을 붙이면 된다. 그러면 종이통 아래 뚫려 있는 구멍으로 연소 가스를 배출하게 되는데, 이때 반작용으로 발사되는 것이다. 신기전은 신기전기에 꽂아 원하는 방향으로 쏘았는데, 명중률은 낮았다고 한다.

날아가게 되지요.

세계 최초의 로켓은 1232년 중국에서 만들어진 '비화창飛火槍'입니다. 비화창은 '불을 뿜으며 날아가는 창'이라는 뜻입니다. 중국에서 화약이 발명되어 무기로 사용하면서, 자연스럽게 화약 무기를 실어 나를 로켓이 등장했어요. 비화창의 앞부분에는 화약을 넣는 통이 설치됐는데, 통 속의 화약을 태우면 화약이 맹렬히 타면서 가스를 뒤로 분출하고, 이에 대한 반작용으로 앞으로 날아가는 원리였습니다. 1230년대 몽골이 세계를 정복하는 과정에서 중국의 로켓이 유럽 전역으로 퍼져 나갔습니다.

우리나라 최초의 로켓은 고려 말인 1377년에 최무선이 중국 로켓을 참고해 만든 '주화走火'로 알려져 있습니다. 주화는 '달리는 불'이라는 뜻입니다. 이후 세종 때인 1448년에 주화를 개량해 신기전神機箭을 만들게 됩니다. 신기전은 임진왜란 때 쓰였고, 《국조오례서례》에 설계도가 남아 있습니다. 로켓 설계도 중에선 가장 오래된 것이라고 하지요.

히틀러의 로켓

그런데 비화창이나 신기전에서 나아가 우주로 로켓을 발사하려면 로켓의 속도나 궤도, 연료의 양 등을 수학적으로 계산할 수 있어야 합니다. 우주 비행이 가능한 로켓 이론을 최초로 완성한 사람은 러시아 로켓 과학자 콘스탄틴 치올콥스키Konstantin E. Tsiolkovsky, 1857-1935입니다. 러시아 우주 계획의 선구자로 불리죠. 그는 작용-반작용의 법칙을 적용한 비행 방법을 생각해 냈고, 현대적인 액체 추진체 로켓을 구상했습니다. 오늘날과 유사한 다단 로켓 사용을 제안하기도 했고, 탈출 속도도 계산했지요. 로켓의 속도, 탈출 시 가스 분사 속도, 로켓과 추진체 질량 사이의 관계 등을 최초로 수학, 물리적으로 연구해 로켓 방정식을 만들었습니다. 하지만 그의 연구는 주목을 받지 못했고 꽤 오랫동안 이론으로만 남아 있었습니다.

치올콥스키와 달리 실제로 로켓을 제작하는 데 성공한 사람은 미국 캘리포니아대학교 교수 로버트 허친스 고다드Robert Hutchins Goddard, 1882-1945입니다. 1926년 3월 16일에 고다드는 액체 연료 로켓을 세계 최초로 쏘아 올렸고, 1935년에는 시속 885킬로미터로 비행할 수 있게 로켓 기술을 발전시켰습니다. 하지만 고다드의 연구도 큰 주목을 받지 못했습니다.

고다드의 연구에 큰 흥미를 느낀 것은 오히려 나치 독일이었습니다. 독일에서 로켓을 활발하게 연구한 계기는 2차 대전이었지만, 1927년에 조직된 독일 우주여행 협회Verien fur Raumschiffahrt원들은 우주여행의 꿈을 안고 이미 로켓 연구를 하고 있었습니다. 대표적인 회원이 앞서 소개한 폰 브라운이었고요. 회원들은 오늘날과 비슷한 방식의 로켓 엔진을 개발했지만, 연구비 조달이 어려워 협회는 해체 위기에 놓였습니다.

협회를 살린 것은 나치 독일 육군의 신무기 개발 계획이었습니다. 한창 전쟁 준비를 하던 히틀러Adolf Hitler, 1889-1945는 로켓 연구 기지를 세우고 폰 브라운이 동료 과학자들과 함께 로켓을 개발할 수 있도록 지원했습니다. 1차 대전에서 패전한 독일은 베르사유 조약에 따라 무기를 개발할 수 없었는데, 로켓이 새로운 무기가 될 수도 있겠다고 본 것이지요.

폰 브라운의 주도로 연구팀은 고다드의 로켓을 참조해서 A1, A2, A3, A5 로켓 등 많은 로켓을 개발합니다. 이 중 가장 유명한 것이 장거리 미사일인 A4였습니다. V2 로켓으로 더 알려져 있어요. V2는 액체 연료 로켓이었고, 연료를 태우는 방식도 오늘날과 아주 비슷했습니다. 2차 대전이 막바지로 치닫던 1944년부터 독일군은 V2에 폭탄을 실어 런던 등 유럽의 여러 도시를 공격했습니다. 로켓을 무기로 사용했던 것이죠. 전쟁이 끝난 1946년, 미국은 자신들이 노획한 V2

폰 브라운(왼쪽)과 V2 로켓

로켓에 카메라를 달아 발사합니다. 로켓은 고도 85킬로미터에서 비행합니다. 세계 최초의 우주 로켓이 탄생한 것입니다.

냉전 시대와
우주 경쟁

2차 대전이 끝난 후 미국과 소련은 독일의 로켓 기술을 확보하기 위해 경쟁합니다. 미국은 항복한 폰 브라운을 비롯한 100여 명의 V2 로켓 연구진을 미국으로 데려가 연구를

　　　　　　　빅 퀘스천 과학사

이어 갑니다. 한발 늦은 소련은 V2 생산 실무진과 기술자 5천여 명을 소련으로 데려갔지요.

미국과 소련은 냉전 시대의 두 축이었습니다. 1991년 소련이 해체되면서 냉전 시대가 막을 내릴 때까지 군사 분야를 비롯한 모든 면에서 계속 경쟁했습니다. 우주 개발에 관해서도 마찬가지였고요.

1957년 10월, 소련이 최초의 인공위성인 스푸트니크Sputnik 1호를 발사해서 미국은 큰 충격을 받습니다. 이후 미국과 소련은 우주 개발을 두고 본격적으로 경쟁하기 시작합니다.

스푸트니크 계획을 지휘한 사람은 세르게이 파블로비치 코롤료프Sergei Pavlovich Korolyov, 1907-1966였습니다. '러시아의 폰 브라운'으로 불리는 로켓 과학자였지요. 코롤료프 연구팀은 V2 로켓을 개량해 R-1으로부터 R-7에 이르는 로켓을 만들어 냅니다. 그중 1957년에 개발한 R-7은 세계 최초의 대륙간 탄도 미사일ICBM이자 우주 로켓이었습니다. 코롤료프는 V2 로켓 엔진을 다발로 묶고, 그 엔진이 달린 로켓을 다시 다발로 묶는 방식으로 짧은 시간에 R-7을 만들어 냈습니다. R-7 로켓을 사용해 스푸트니크를 발사할 수 있었던 것이지요. 스푸트니크 1호는 약 3개월 동안 임무를 수행한 후 지구 대기권에 들어와 소멸했습니다.

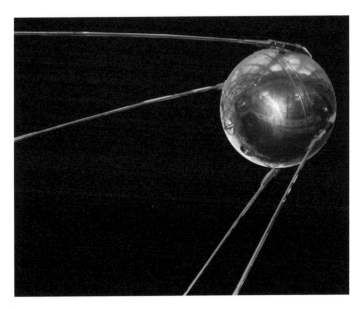

최초의 인공위성 스푸트니크 1호 모형

    스푸트니크 1호를 발사한 지 한 달 뒤, 소련은 라이카라는 개를 실은 스푸트니크 2호를 발사했고, 1961년에는 우주 비행사 유리 가가린Yuri Gagarin, 1934-1968을 태운 보스토크 1호를 발사함으로써 세계 최초로 유인 우주 비행에도 성공합니다.

    앞서 말했듯이 미국은 스푸트니크 발사에 큰 충격을 받습니다. 당시 미국도 인공위성 발사를 위한 로켓을 개발 중이었거든요.

    국제 지구 관측년International Geophysical Year, IGY이라는

것이 있었습니다. 1957년 7월부터 1958년 12월까지를 이르는데, 미국을 포함한 70개국 6만여 명의 과학자가 서로 협력해 기상, 지자기, 태양의 활동, 빙하와 기후 등 지구의 물리 현상을 관측하던 기간을 말합니다. 1955년 미국의 아이젠하워 대통령은 소형 인공위성을 지구 궤도에 발사하는 것이 국제 지구 관측년의 목표 중 하나라고 발표했고, 미국 과학자들은 인공위성 발사를 위한 로켓을 개발하고 있었습니다. 그러는 사이에 소련이 먼저 인공위성을 쏘아 올린 것입니다. 2차 대전이 끝나고 불과 12년 만에 소련이 첨단 과학 기술 분야에서 미국을 앞지른 것이지요. 미국은 크게 자존심이 상해서 우주 개발 분야에 막대한 돈을 쏟아붓기 시작합니다.

미국의 인공위성 발사 계획은 당시 미국 육군 소속인 폰 브라운 팀이 맡습니다. 이들의 노력으로 소련이 인공위성을 발사한 지 109일 만인 1958년 1월 미국도 인공위성 익스플로러 1호를 성공적으로 쏘아 올립니다. 익스플로러 1호를 싣고 간 로켓은 V2를 개량한 주피터C였습니다. 결국, 소련과 미국 모두 나치 독일 덕분(?)에 인공위성을 발사할 수 있었던 것이지요.

미국과 소련의
우주 전쟁

아이젠하워 대통령은 우주 개발에서 소련을 이기기 위해 1958년 7월, 미국 항공 우주국National Aeronautics and Space Administration, NASA을 발족했습니다. 우주 개발을 체계적으로 진행하려면 총괄적으로 계획하고 연구할 민간 기구가 필요하다고 판단했던 것이죠. 폰 브라운도 NASA의 일원이 됩니다.

인공위성을 지구 궤도에 성공적으로 안착시킨 소련과 미국은 이제 우주 탐사에 나섰고, 첫 번째 목적지는 달이었습니다. NASA의 사업 중 가장 유명한 것이 '아폴로 계획 Project Apollo'일 거예요. 1961년부터 1972년까지 추진된 유인 우주 비행 탐사 계획을 말합니다. 1961년 케네디 대통령은 1969년 12월 31일 이전에 사람을 달에 보냈다가 지구로 돌아오게 하겠다고 발표합니다.

그런데 우주선을 달로 보내는 일은 인공위성을 지구 궤도에 올려놓는 일과는 차원이 달랐습니다. 우주선이 달에 도달하려면 지구의 중력을 벗어날 수 있어야 합니다. 그다음 무사히 달에 착륙했다가 무사히 이륙해 달 궤도를 벗어나야 합니다.

이 과정에는 사람을 달까지 보냈다가 다시 돌아올 수 있

아폴로 11호가 약 18만 킬로미터 떨어져 있을 때 찍은 지구의 모습

게 할 강력한 대형 로켓이 필요했습니다. 1969년 폰 브라운
은 지름 10미터에 길이는 111미터인 새턴 V를 만들게 됩니
다. 새턴은 그리스 신화에 나오는 신으로, 토성을 의미합니
다. 새턴 V는 무게 120톤의 인공위성을 지구 궤도에 올릴
수 있었고, 무게 45톤의 위성을 달로 보낼 능력을 가지고 있
었죠.

1969년 7월 16일 오전, 새턴 V가 아폴로 11호를 탑재한
채 발사되었습니다. 아폴로 11호는 지구를 3번 돌면서 문제
점이 없는지 점검했고, 이후 초속 10.83킬로미터 속력으로

지구 궤도를 벗어나 달을 향해 비행했습니다. 마침내 발사한 지 약 4일 7시간 만에 아폴로 11호가 달에 착륙했고, 당시 아폴로 11호 선장이던 닐 암스트롱은 지구 이외의 천체에 발을 디딘 최초의 지구인이 되었습니다.

이후에도 미국은 아폴로 계획을 계속 추진해 총 여섯 차례에 걸쳐 달 착륙에 성공했고, 1972년 아폴로 17호를 마지막으로 아폴로 계획을 마칩니다. 한편 소련은 아폴로 11호가 달에 착륙하고 두 달 뒤 무인 우주선을 달에 착륙시켜 달의 흙을 지구로 가져오는 데 성공했답니다.

이처럼 1960년대 우주 개발은 소련과 미국이 주도했습니다. 부정할 수 없는 사실은 미소 양국의 경쟁이 로켓과 우주 탐사 기술을 크게 발전시켰다는 점이에요.

우주 정거장과
우주 왕복선

1970년대 들어서면서 미국과 소련은 경쟁보다는 서로 협력하게 됩니다. 미국이 아폴로 계획에 성공하자 소련은 우주 개발 방향을 바꿉니다. 인간이 상주하면서 다양한 연구 활동을 할 수 있는 우주 정거장을 건설하는 쪽으로 말이죠.

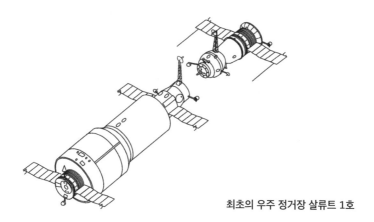

최초의 우주 정거장 살류트 1호

1970년 소련은 주거 공간과 연구 공간을 갖춘 세계 최초의 우주 정거장 살류트 1호Салют-1를 발사합니다. 1971년 6월에는 소유즈 11호 우주선이 살류트 1호와의 도킹에 성공했고, 우주 비행사 3명이 우주 정거장에 옮겨 타 24일 동안 우주에 머물면서 각종 실험을 수행했습니다. 안타깝게도 우주 비행사들은 지구로 돌아오는 과정에서 사고로 모두 사망했어요.

소련은 살류트 7호에 이르기까지 우주 정거장을 계속 우주로 보냈고, 마침내 1986년에 우주 정거장 미르Mir를 궤도에 진입시키게 됩니다. 세계 최초의 모듈식 우주 정거장이자 인간이 거주할 수 있는 최초의 우주 과학 실험실이었던 미르 우주 정거장은 2001년까지 약 15년 동안 각종 임무를 수행했습니다.

최초의 우주 왕복선 컬럼비아호. 우주에서 업무를 마친 후 지구로 돌아와 착륙하는 모습

　소련이 우주 정거장 개발에 집중했다면 1970년대와 1980년대에 걸쳐 NASA는 우주 왕복선 시대를 열었습니다. 당시 미국 정부는 아폴로 계획에 천문학적인 돈을 쏟아붓는 바람에 많은 비판을 받았습니다. 우주 개발은 계속하되 비용을 조금이라도 줄일 방법을 고민하다 우주 왕복선을 개발하게 된 것이지요. 우주 왕복선은 우주로 갈 때는 인공위성을 발사할 때처럼 수직으로 발사되고, 지상으로 내려올 때는 비행기가 착륙하는 것처럼 활주로에 착륙하도록 만들어졌어요. 1981년에 최초의 우주 왕복선 컬럼비아호가 우주로 나간 지 2일 후 다시 활주로에 착륙함으로써 미국은 우주 왕복선 시대를 열었습니다.

국제우주정거장 건설

앞서 잠깐 말했듯이 1970년대에 들어서 미국과 소련은 우주 개발에서 경쟁보다는 서로 협력합니다. 그런 관계 변화를 보여 주는 대표적인 것이 우주 왕복선-미르 프로그램입니다. 소련의 미르 우주 정거장에 미국 우주 왕복선이 도킹하는 프로그램이었죠. 1995년 미국의 우주 왕복선 아틀란티스호와 소련의 우주 정거장 미르가 도킹했고, 이후 여러 차례 더 결합해 미국 우주인이 미르에 머물기도 하고, 소련의 우주인이 우주 왕복선에 옮겨 타기도 했습니다. 이렇게 보면 미르는 냉전 시대 경쟁의 산물이지만, 상호 협력의 상징이기도 합니다.

이후 미국과 러시아뿐만 아니라 프랑스, 독일, 일본, 영국, 캐나다 등 16개국이 협력해 1998년부터 '국제우주정거장International Space Station, ISS'을 건설하기 시작했습니다. ISS는 우주로 나가기 위한 전초 기지인 것이지요. 442킬로미터 고도에 떠 있는 ISS는 시속 27743.8킬로미터 속도로 매일 지구를 15.7바퀴씩 돌고 있습니다. 현재 지구 주위를

국제우주정거장(위)과 그 안에서 식사하는 승무원들 모습

도는 유일한 우주 정거장이죠. 미국 우주 왕복선과 러시아 화물선, 유럽과 일본의 여러 우주선이 ISS로 우주인, 실험 기구, 연료, 식량 등을 운반해 주고 있답니다. ISS는 현재도 계속 조립 과정에 있으며, 우주 개발을 위한 글로벌 협력의 상징이라고 할 수 있습니다.

우주로,
우주로!

국제 사회는 우주에 발을 들이면서 태양계 행성에 대해서도 더 깊이 연구하기 시작합니다. 그중에서도 가장 주목한 행성은 바로 화성입니다. 1962년 소련의 마스Mars 1호 발사를 시작으로 미국과 소련은 화성에 탐사선들을 계속 보냈습니다. 1976년 NASA는 화성 표면 및 대기 구성, 생명체 존재 여부를 알아보기 위해 바이킹 1호를 발사합니다. 이 탐사선은 10개월간의 비행 끝에 마침내 화성 궤도에 들어갔고, 착륙에도 성공합니다. 이후에도 '소저너(1997)', '스피릿과 오퍼튜니티(2004)', '피닉스(2008)', '큐리오시티(2012)' 같은 탐사 로봇을 화성에 착륙시켰고, 일부 로봇은 지금도 화성에 관한 정보를 지구로 보내 주고 있습니다. 그 결과 화성에서

제임스 웹 우주 망원경이 찍은 용골자리 성운의 우주 절벽

물 흔적을 발견했고, 화성의 대기권과 지질에 대해서도 많은 정보를 얻게 되었습니다.

NASA는 1958년부터 파이어니어 계획Pioneer Program을 실행해 태양, 금성, 목성, 토성 등 다른 행성들도 탐사했습니다. 파이어니어에 뒤이어 1977년에는 태양계 성간 탐사선 Interstellar probe 보이저 1, 2호도 발사했지요. 지금으로부터 45년 전에 발사된 보이저 1호와 2호는 각각 하루에 약 147만 킬로미터, 133만 킬로미터씩 태양에서 멀어지고 있습니다. 지구와도 계속 멀어지고 있고요. 보이저 1호는 2012년, 보이저 2호는 2018년에 태양계를 벗어났습니다. 그동안 보이저 1, 2호가 보내온 자료로 인류는 목성, 토성, 천왕성, 해왕성 등에 대해 더 많이 알게 되었습니다.

NASA와 유럽 우주국ESA은 더 깊이 우주를 관찰하기 위해 허블 우주 망원경(1990)과 제임스 웹 우주 망원경(2021)을 우주로 발사했습니다. 이들 망원경은 우주의 나이, 우주의 팽창 속도, 블랙홀의 존재, 외계 행성 존재 증거 등에 관한 정보를 제공해 주고 있답니다.

빅 퀘스천 과학사

우리의
우주 개발 역사

우리나라에서는 1990년대 들어서야 우주 개발을 시작했습니다. 1992년 인공위성 '우리별 1호' 발사를 시작으로 우주 항공 산업이 본격적으로 시작되었지요. 1993년에 두 번째 인공위성 우리별 2호가 발사되었고요. 우리별 1호는 영국 서리대학교University of Surrey에서 제작되었지만, 우리별 2호는 한국과학기술원KAIST에서 제작했습니다. 우리별 1호와 2호는 모두 관측 위성입니다. 관측 위성은 지구 궤도를 돌면서 지구를 관측하는 인공위성이에요. 이외에도 다양한 위성을 발사했습니다.

앞에서 살펴본 것처럼, 우주 개발을 위해서는 인공위성이나 우주선을 우주로 보낼 수 있는 발사체 로켓이 있어야 합니다. 우리나라 최초의 발사체 로켓은 한국항공우주연구원이 개발해 1993년에 발사한 관측 로켓 'KSRKorean Sounding Rocket-I'입니다. 이보다 더 알려진 것은 나로호와 누리호입니다. 나로호는 2013년에 나로과학위성을 싣고 가서 지구 저궤도에 진입시켰어요. 물론 두 차례 실패한 적이 있지만요. 나로호는 러시아의 도움을 받아 만들었는데, 누리호는 우리 힘으로 만들었습니다. 누리호는 2022년 6월 21일, 성

우리나라 최초의 달 탐사선 다누리

공적으로 발사됩니다.

그런데 우주 발사체나 인공위성 등을 발사하려면 우주 센터도 필요합니다. 우리나라에는 나로우주센터Naro Space Center가 있습니다. 전라남도 고흥군에 있지요. 나로호와 누리호 모두 나로우주센터에서 발사되었습니다.

2022년 8월 5일에는 달 탐사선 다누리Danuri가 성공적으로 발사되었습니다. 같은 해 12월 27일 다누리는 달 궤도 진입에 성공했고 약 3년 동안 달 탐사를 진행할 예정입니다. 우리나라 우주 개발 사업을 이끌고 있는 한국항공우주연구원에서는 달 탐사선을 자체 개발해 2032년에 달에 착륙시킬 계획을 세우고 있습니다.

이처럼 우주 개발에는 많은 돈과 시간을 쏟아부어야 합니다. 또한 개발 과정에서 시행착오도 거듭하지요. 성과를 내는 데 오랜 시간이 걸린다는 얘기입니다. 그래서 우주 개발 비용을 다른 곳에 사용하는 것이 더 낫겠다고 비판하는 사람도 많습니다. 하지만 인류가 고개를 들어 하늘을 관찰하기 시작한 이래, 우주는 언제나 인류가 풀어야 할 숙제였습니다. 육안으로 매일 밤 우주를 면밀히 관찰했던 고대 그리스인들이 오늘날의 약진을 보면 뭐라고 말할지 궁금해집니다.

기후 위기와 플라스틱은
어떤 관계일까

플라스틱은 기후 위기나 환경 오염을 얘기할 때 주범 중 하나로 지목되곤 합니다. 19세기에 처음 만들어진 플라스틱은 천연 재료를 화학적으로 변형한 것이었습니다. 예를 들어, 미국의 화학자 찰스 굿이어Charles Goodyear, 1800-1860는 1839년에 생고무를 황과 함께 가열해 탄성이 강한 고무를 만들어 냈습니다.

천연 플라스틱을 처음으로 실용화한 사람은 미국의 사업가 존 하얏트John Wesley Hyatt, 1837-1920였습니다. 당시에는 당구공을 만들 때 비싸고 귀한 코끼리 상아를 사용했는데, 한 당구공 제조사에서 대체품을 발명하는 사람에게 상금 1만 달러를 주겠다는 광고를 냅니다. 이 광고를 보고 하얏트는 집 뒷마당에서 연구를 시작합니다.

셀룰로이드 필름 롤

1869년 실패를 거듭한 끝에 하얏트는 셀룰로이드를 만들어 냅니다. 질산 섬유소(나이트로셀룰로스)에 적절한 물질(알코올 등)을 섞은 다음 열과 압력을 가하면 질산 섬유소가 녹으면서 모양이 바뀌는데, 이것이 최초의 천연 소재 플라스틱인 셀룰로이드입니다. 셀룰로이드는 깨지기 쉽고 폭발성도 있어서 당구공 재료로는 그리 좋지 않았지만, 필름 재료로 이용되어 미국 영화 산업에 큰 기여를 합니다.

폭발적으로 증가하는
플라스틱

합성수지로 플라스틱을 처음 만든 사람은 벨기에 화학자 레오 베이클랜드Leo Hendrik Arthur Baekeland, 1863-1944입니다.

'플라스틱 산업의 아버지'로 불리는 인물입니다. 베이클랜드는 1907년에 페놀과 폼알데하이드를 이용해 최초의 합성수지 플라스틱인 '베이클라이트Bakelite'를 만듭니다. 천연 원료를 전혀 사용하지 않은 베이클라이트는 단단하고 절연성이 있었으며 내구성이 뛰어났습니다. 1909년에 특허를 받은 베이클라이트는 조명 장치나 플러그 같은 각종 전자 제품에 널리 쓰이게 됩니다.

1922년에 독일의 화학자 헤르만 슈타우딩거Hermann Staudinger, 1881-1965가 플라스틱의 분자 구조를 밝혀내면서 다양한 형태의 플라스틱이 만들어지기 시작합니다. 1920년대에는 미국에서 폴리염화비닐PVC로 만든 제품이 출시되고, 1933년에는 폴리에틸렌PE이 발견되었지요. 1930년대에는 폴리스타이렌PS도 상업화되었습니다. 페트병 재료인 폴리에틸렌테레프탈레이트PET는 1941년에 처음 합성됐어요. 가장 흔히 사용되는 플라스틱 중 하나인 폴리프로필렌PP은 다소 늦은 1954년에 발견됐고요. 오늘날 많이 생산되는 플라스틱으로는 폴리에틸렌, 폴리프로필렌, 폴리염화비닐, 폴리스타이렌, 폴리에틸렌테레프탈레이트 다섯 종류를 꼽을 수 있습니다. 전 세계 플라스틱 생산량의 90퍼센트를 이 다섯 종류가 차지하고 있지요.

2차 대전 이후 석유 화학 산업이 발달하면서 플라스틱 생산량이 크게 늘어났습니다. 1950년대부터 2015년까지 인류가 생산한 플라스틱의 총 무게는 무려 83억 톤에 달한다고 해요. 에펠탑 82만 2000개, 엠파이어스테이트 빌딩 2500동, 대형코끼리 10억 마리에 해당하는 무게라고 합니다. 1950년에 150만 톤이었던 전 세계 플라스틱 생산량이 2017년에는 3억 4800만 톤에 이르렀고, 2050년경에는 한 해에 약 11억 2400만 톤의 플라스틱이 생산될 예정이라고 합니다. 100년 만에 플라스틱 생산량이 약 750배 증가하는 셈이죠.

이산화탄소의 주범,
플라스틱

그렇다면 이렇게 많이 생산된 플라스틱이 문제가 되는 이유는 무엇일까요? 먼저 쓰레기가 되었을 때 재활용률이 9퍼센트 정도밖에 되지 않습니다. 이는 플라스틱 쓰레기 대부분이 땅에 매립되거나 바다로 유출되고 있음을 의미해요. 이런 쓰레기들은 분해되기까지 많은 시간이 필요합니다. 보통 플라스틱이 분해되려면 500년 이상이 걸립니다.

플라스틱이 잘 분해되지 않는 이유는 플라스틱의 구조에

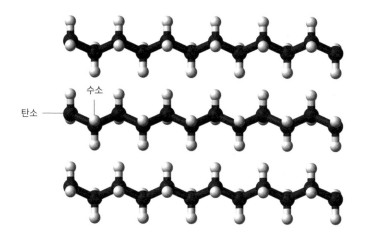

탄소 —

수소

폴리에틸렌의 구조. 탄소 1개에 수소 2개가 결합한 단위체가 지그재그 모양으로 길게 늘어져서 만들어진 고분자 화합물이다.

서 찾을 수 있습니다. 플라스틱은 단위체가 수천, 수만, 수십만 개 반복되어 만들어진 고분자 화합물입니다. 플라스틱을 분해하려면 플라스틱을 이루는 분자들 사이의 결합을 끊어 다시 원래의 작은 물질로 나누어야 하는데, 플라스틱은 단위체를 길게 이어서 만든 고분자 화합물이니 그만큼 분해하기가 힘든 것이죠.

플라스틱의 또 다른 문제는 플라스틱을 생산하거나 가공하고 폐기하는 과정에서 엄청난 양의 이산화탄소가 대기 중으로 방출된다는 것입니다. 이산화탄소는 플라스틱을 다루는 모든 단계에서 발생합니다. 전체 이산화탄소 발생량을 100퍼센트로 볼 경우, 생산하는 과정에서 61퍼센트, 가공하는 단계에서 30퍼센트, 그리고 소각하는 단계에서 9퍼센트가 발생합니다.

플라스틱을 사용할 때 이산화탄소가 발생하는 이유는 무엇일까요? 가장 큰 이유는 플라스틱을 생산하고 가공하는 과정에서 엄청난 양의 화석연료를 사용하기 때문입니다. 화석연료인 석탄과 석유의 주성분이 탄소거든요.

플라스틱을 만드는 과정을 잠깐 살펴보겠습니다. 원유 속에 들어 있는 물질들을 끓는점의 차이에 따라 분류하면 '나프타Naphtha'라는 물질을 얻을 수 있는데, 나프타가 바로 플라스틱의 주재료입니다. 플라스틱을 만들 때는 먼저 나프타를 고온에서 분해해 에틸렌이나 프로필렌 같은 단위체monomer를 얻은 다음, 이러한 단위체들을 중합 반응이라는 화학 반응을 통해 서로 연결해 폴리에틸렌이나 폴리프로필렌 같은 중합체polymer를 만들어 냅니다. 플라스틱을 만들려면 재료들을 고온에서 가열하는 과정이 여러 번 필요한 것이죠. 열에너지를 얻으려면 화석연료를 많이 연소해야 하는데, 이 화석연료가 연소하는 과정에서 엄청나게 많은 이산화탄소가 발생해 대기 중으로 방출됩니다.

또, 플라스틱을 가공해서 제품을 생산하는 과정에서 이산화탄소가 많이 생깁니다. 플라스틱 제조 공장에서는 플라스틱을 '펠릿'이라는 작은 알갱이로 만들어 제품 생산 공장으로 보냅니다. 제품 생산 공장에서는 펠릿을 녹여 다양한 제품을 만드는데, 펠릿을 녹이기 위해서도 화석연료를 사용할 수밖에 없지요.

마지막으로 플라스틱을 소각해서 폐기하는 과정에서도 이산화탄소가 생깁니다. 석유의 주성분은 탄소입니다. 그러니 석유를 재료로 하는 플라스틱의 주성분도 탄소겠지요. 플라스틱을 태우면, 플라스틱을 구성하던 탄소가 공기 중의 산소와 결합해 이산화탄소가 다량 발생하는 것입니다.

지구온난화의 원인

널리 알려진 것처럼 이산화탄소는 지구온난화의 주요 원인입니다. 지구온난화의 원인인 온실가스에는 이산화탄소 말고도 메테인CH_4, 아산화질소N_2O, 수소불화탄소$HFCs$, 과불화탄소$PFCs$, 육불화황SF_6이 있습니다. 이중 이산화탄소를 지목하는 이유는 대기 중에서 다른 온실가스보다 훨씬 많은 양을 차지하기 때문입니다.

과학자들은 대기 중 이산화탄소가 지구온난화의 주요 원인이라는 사실을 언제 알았을까요? 19세기 말부터 이미 알고 있었습니다. 하지만 당시에는 바다가 이산화탄소를 모두 녹일 것이기 때문에 대기 중 이산화탄소량이 일정하게 유지될 수 있다고 생각했습니다.

그런데 1930년대 말부터 과학자들이 수십 년 동안의 기후 변화 통계치를 분석해 보니 손놓고 있을 일이 아니었던 거지요. 지구의 기온이 올라가고 있는데, 그런 현상이 대기 중 이산화탄소량과 관련 있다고 생각하기 시작한 것입니다. 이 시기 과학자들은 바닷물에 녹아 들어가는 이산화탄소의 양이 생각했던 것보다 훨씬 적다는 사실도 알아냅니다. 이는 대기 중에 이산화탄소가 너무 많아지면, 바다에 녹아 들어가지 못한 이산화탄소가 대기 중에 남아서 지구 기온을 높일 수 있음을 의미했습니다.

1950년대 중반부터 과학자들은 국제적으로 협력해 대기 중 이산화탄소량을 체계적으로 측정하기 시작했고, 50년에 걸쳐 측정한 결과를 그래프로 나타냅니다. 그래프는 대기 중 이산화탄소량이 점차 늘어나고 있으며, 이 그래프가 지구 평균 기온 상승 그래프와 일치한다는 것을 보여 주었습니다. 이 연구를 뚝심 있게 이끈 지구화학자가 찰스 데이비드 킬링Charles David Keeling, 1928-2005이었기 때문에, 이산화탄소 농도 측정 결과를 나타낸 그래프를 '킬링 커브Keeling Curve'라고 합니다.

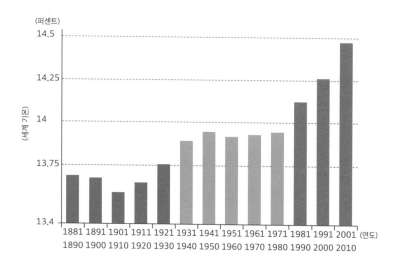

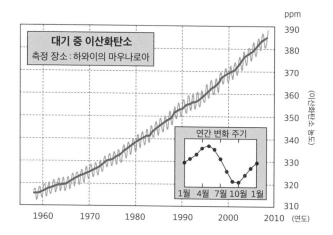

지난 170년간의 세계 기온 변화(위)
지난 50년간 대기 중 이산화탄소량의 변화를 보여 주는 킬링 커브(아래).

세계 기온 변화와 대기 중 이산화탄소량 사이에 밀접한 관련이 있음을 나타낸다.

국제 사회의 노력

국제 사회는 이산화탄소량을 줄이기 위한 대책을 마련하기 위해 고민하기 시작했습니다. 과학자들은 대규모 연구 그룹을 만들었고, 각국 정부는 국제기구와 국제 협약을 만들어 기후 변화에 함께 대처했습니다. 가장 큰 목표는 화석연료 사용량과 온실 가스 배출량을 줄이는 것이었죠.

기후 변화에 대처하기 위해 만든 국제기구 중 가장 유명한 것이 '기후 변화에 관한 정부 간 협의체Intergovernmental Panel on Climate Change, IPCC'입니다. IPCC에는 각국의 전문가 3천여 명이 참여해 기후 변화를 늦출 방법을 찾으려 노력하고 있으며, 5년에서 6년을 주기로 기후 변화 평가 보고서를 발간하고 있습니다. 특히 2014년에 발행된 제5차 보고서에서는 지구온난화의 주범이 인간이라는 사실을 95퍼센트 확신한다고 천명했습니다. 그리고 즉각적이고도 근본적인 변화를 위해 노력해야 한다고 강조했습니다. 이런 노력을 인정받아 IPCC는 2007년에 노벨평화상을 받았어요.

기후 변화 문제에 함께 대처하기 위해 국제 사회에서 체결한 대표적인 협약이 '교토 의정서'와 '파리 기후 변화 협약'입니다. 교토 의정서는 1992년에 채택된 유엔 기후 변화 협약UNFCCC*의 이행 방안을 구체화한 것으로, 그동안 온실가스를 많이 배출해 온 선진국들 중심으로 이산화탄소 배출량을 줄여야 한다는 것이 요지예요.

교토 의정서는 2020년 만료될 예정이었습니다. 각국은 2015년에 프랑스 파리에 모여 2020년 이후부터 적용할 새로운 기후 체제 합의문을 채택했는데, 이는 보통 '파리 협정 Paris Agreement'이라고 합니다. 합의문에 따르면, 선진국, 개발도상국 구분 없이 모든 국가가 온실가스 감축을 위해 노력해야만 하죠. 이를 위해 각국 정부는 탄소 배출권 제도를 시행하고 있습니다. 쓰레기를 버리려면 쓰레기 종량제 봉투를 사야 하는 것처럼 이산화탄소를 배출하려면 돈을 내고 탄소 배출권을 사도록 한 것이죠.

각국 정부뿐만 아니라 과학자들이나 기업가들도 이산화탄소 배출량을 줄이기 위해 노력하고 있습니다. 예를 들어 과학자들은 이산화탄소 배출을 최소한으로 줄이는 방식으로 화학 물질을 만들려고 노력합니다. 배출된 이산화탄소를 다시 포집해 땅속 깊은 곳이나 암석 속에 저장하는 방법도 개발해 시행하고 있지요. 산업계에서도 전기차나 수소 연료 전지 자동차(수소차) 같은 친환경 자동차를 만들어 이산화

유엔 기후 변화 협약 ─────────

온실가스에 의한 지구온난화를 줄이기 위한 국제 협약. 1992년 5월 브라질 리우데자네이루에서 채택되었다.

기후 정의를 외치는 젊은이들

탄소 배출량을 줄이려고 합니다. 내연 기관 자동차는 휘발
유나 경유 등을 태워 엔진을 작동시키기 때문에 온실가스를
많이 배출하거든요.

　이처럼 많은 사람이 기후 변화의 심각성을 받아들이고 지
구의 기온 상승 속도를 늦추기 위해 노력하고 있습니다. 우

리도 각자 일상생활에서 실천할 수 있는 것들을 열심히 찾아보면 어떨까요? 나와 나의 후손들이 살아가야 할 삶의 터전은, 적어도 아직까지는 이곳 지구이기 때문입니다.

참고 문헌

책

- 갈릴레오 갈릴레이, 《갈릴레오가 들려주는 별 이야기》, 장헌영 옮김(승산, 2009).

- 김경민, 《한국의 우주항공 개발》(새로운사람들, 2015).

- 김영식·임경순, 《과학사신론》(다산출판사, 2007).

- 김태호, 《아리스토텔레스 & 이븐 루시드: 자연철학의 조각그림 맞추기》(김영사, 2007).

- 낸시 포브스·배질 마혼, 《패러데이와 맥스웰》, 박찬·박술 옮김(반니, 2015).

- 다케우치 가오루 지음, 《양자론》, 김재호·이문숙 옮김(전나무숲, 2010).

- 데이비드 C. 린드버그, 《서양과학의 기원들》, 이종흡 옮김(나남출판, 2009).

- 레스터 R. 브라운 외 지음, 《지구환경보고서. 1990》, 김범철·이승환 옮김(따님, 1990).

- 로널드. L. 넘버스 엮음, 《과학과 종교는 적인가 동지인가》, 김정은 옮김 (뜨인돌, 2010).

- 로버트 헉슬리, 《위대한 박물학자》, 곽명단 옮김(21세기북스, 2009).

- 로빈 헤니그, 《정원의 수도사》, 안인희 옮김(사이언스북스, 2006).

- 로이드, G.E.R, 《그리스 과학사상사: 탈레스에서 아리스토텔레스까지》, 이광래 옮김(지성의 샘, 1996).

- 리처드 웨스트폴, 《프린키피아의 천재》, 최상돈 옮김(사이언스 북스, 2001).

- 마이클 셸런버거, 《지구를 위한다는 착각》, 노정태 옮김(부키, 2021).

- 마이클 패러데이, 《양초 한 자루에 담긴 화학 이야기》(서해문집, 1998).

- 마틴 셔윈·카이 버드, 《아메리칸 프로메테우스》, 최형섭 옮김(사이언스북스, 2010).

- 박준우, 《아나스타스가 들려주는 녹색 화학 이야기》(자음과모음, 2011).

- 배리 카머너, 《원은 닫혀야 한다》, 고동욱 옮김(이음, 2014).

- 브루스 T. 모런, 《지식의 증류》, 최애리 옮김(지호, 2006).

- 빌 게이츠, 《빌 게이츠, 기후재앙을 피하는 법》, 김민주·이엽 옮김(김영사, 2021).

- 스콧 샘슨 《공룡 오딧세이》, 김명주 옮김(뿌리와이파리, 2011).

- 스티븐 샤핀, 《과학혁명》, 한영덕 옮김(영림카디널, 2002).

- 스펜서 위어트, 《지구온난화를 둘러싼 대논쟁》, 김준수 옮김(동녘사이언스, 2012).

- 스피터 J. 보울러·이완 리스 모러, 《현대과학의 풍경1, 2》, 김봉국, 홍성욱, 서민우 옮김(궁리, 2008).

- 쑨이린 지음, 《생물학의 역사》, 송은진 옮김(더숲, 2012).

- 아메드 제바르, 《아랍 과학의 황금시대》, 김성희 옮김(알마, 2016).

- 아서 그린버그, 《화학사》, 김유창 옮김(자유아카데미, 2011).

- 아이작 뉴턴, 《프린키피아》, 이무현 옮김(교우사, 1998).

- 앤서니 그래프턴, 《신대륙과 케케묵은 텍스트들》, 서성철 옮김(일빛, 2000).

- 야마모토 요시타카, 《과학의 탄생》, 이영기 옮김(동아시아, 2005).

- 에드워드 그랜트, 《중세의 과학》(민음사, 1992).

- 에드워드 에델슨, 《유전학의 탄생과 멘델》, 최돈찬 옮김(바다출판사, 2002).

- 오르페우스 외 지음, 《소크라테스 이전 철학자들의 단편 선집》, 김재홍 외 옮김(아카넷, 2005).

- 오언 깅그리치·제임스 맥라클란, 《지동설과 코페르니쿠스》, 이무현 옮김(바다출판사, 2006).

• 오철우 지음,《갈릴레오의 두 우주 체계에 관한 대화》(사계절, 2009).

• 요네야마 마사노부 지음,《원자의 세계》, 성지영 옮김(이지북, 2002).

• 요시다 타카요시,《주기율표로 세상을 읽다》, 박현미 옮김(해나무, 2017).

• 요하네스 케플러, 윌리엄 도나휴 옮김,《Astronomia Nova》(1609).

• 원정현,《세상을 바꾼 물리》(리베르스쿨, 2017).

• ———,《세상을 바꾼 생물》(리베르스쿨, 2018).

• ———,《세상을 바꾼 우주》(리베르스쿨, 2018).

• ———,《세상을 바꾼 화학》(리베르스쿨, 2018).

• 이상욱·홍성욱 외 지음,《뉴턴과 아인슈타인》(창비, 2004).

• 이융남,《공룡학자 이융남 박사의 공룡 대탐험》(창비, 2000).

• 임경순,《과학사의 이해》(다산출판사, 2014).

• ———,《현대물리학의 선구자》(다산출판사, 2001).

• 장 바티스트 드 라마르크,《동물 철학》, 이정희 옮김(지식을만드는지식, 2009).

• 제임스 D. 왓슨,《이중 나선》, 하두봉 옮김(전파과학사, 1973).

• 제임스 R. 뷜켈,《행성운동과 케플러》, 박영준 옮김(바다출판사, 2006).

• 제임스 맥클란,《물리학의 탄생과 갈릴레오》, 이무현 옮김(바다출판사, 2002).

• 존 허드슨,《화학의 역사》, 고문주 옮김(북스힐, 2005).

• 찰스 길리스피,《객관성의 칼날》, 이필렬 옮김(새물결, 2005).

• 찰스 로버트 다윈,《종의 기원》, 박동현 옮김, (신원문화사, 2006).

• 채연석,《눈으로 보는 우주개발이야기》(나경문화, 1995).

• 케네스 W. 포드,《양자 : 101가지 질문과 답변》, 이덕환 옮김(까치, 2015).

• 토머스 새뮤얼 쿤,《코페르니쿠스 혁명》, 정동욱 옮김(지식을만드는지식, 2016).

• 토머스 핸킨스,《과학과 계몽주의》, 양유성 옮김(글항아리, 2011).

- 폴 스트레턴, 《멘델레예프의 꿈》, 예병일 옮김, 이필렬 감수(몸과마음, 2003).
- 플라톤, 《플라톤의 티마이오스》, 박종현·김영균 옮김(서광사, 2000).
- 피터 디어, 《과학혁명: 유럽의 지식과 야망, 1500-1700》, 정원 옮김(뿌리와 이파리, 2011).
- 홍성욱, 《과학고전선집》(서울대학교 출판부, 2013).
- ———, 《그림으로 보는 과학의 숨은 역사》(책세상, 2012).

논문

- 김동엽·이창환(한국과학기술정보연구원), 《토양탄소의 저장과 지구온난화 방지》(한국과학기술정보연구원, 2005).
- 김영환, "IPCC 제5차 기후변화 평가보고서 주요내용 및 시사점," KFRI 국제산림정책토픽 제9호 (2014), pp. 1-18.
- 김준수, "과학과 회의론의 사이에 선 과학사", 한국과학사학회지 제33권 제1호 (2011), pp. 241-248.
- 기후변화에 관한 정부간 협의체(IPCC), "기후변화 종합보고서" (2014).
- 태의경 (2014). 카이스트 인공위성연구센터의 소형위성제작 기술학습, 1998년-1999년. 석사학위논문, 서울대학교.
- Bakker, Robert T., "DINOSAUR RENAISSANCE", *Scientific American* Vol. 232, No. 4 (April 1975), pp. 58-79.
- Buckland, William. "XXI.—Notice on the Megalosaurus or great Fossil Lizard of Stonesfield", *Transactions of the Geological Society of London* 2.2 (1824), pp. 390-396.
- Cavendish, Henry, "Experiments on Air", *Royal Society of London Philosophical Transactions* 74 (1784), pp. 372-384.
- Chargaff, Erwin et al, "The Composition of the Desoxyribonucleic

Acid of Salmon Sperm", *Journal of Biological Chemistry* Vol. 191 (1951), pp. 223-230.

- DeConto, R.M., Pollard, D., Alley, R.B. et al., "The Paris Climate Agree ment and future sea-level rise from Antarctica", Nature 593 (2021), pp. 83–89.

- Einstein, Albert, "Zur Elektrodynamik bewegter Körper(On the Electro dynamics of Moving Bodies)" (1905) (http://hermes.ffn.ub.es/luisnavarro 제공).

- Gregor Mendel, 《Experiments in Plant Hybridization》(1865).

- Hershey, A.D. and Chase, M. "Independent functions of viral protein and nucleic acid in growth of bacteriophage", *J Gen Physiol* 36 (1952), pp. 39–56.

- IPCC, "Climate Change 2014 : Synthesis Report" (2015).

- John Dalton 《A New System of Chemical Philosophy》(1808).

- Lavoisier, Antoine, Traité élémentaire de chimie, Robert Kerr 옮김, *Elements of Chemistry, In a New Systematic Order, Containing all the Modern Discoveries*, 1790, (Gutenberg Project 제공).

- Mantell, Gideon Algernon. "VIII. Notice on the Iguanodon, a newly discovered fossil reptile, from the sandstone of Tilgate forest, in Sus sex", *Philosophical Transactions of the Royal Society of London* 115 (1825), pp. 179-186.

- Marsh, Othniel Charles, "Principal characters of American Jurassic dinosaurs; Part VI, Restoration of Brontosaurus", *American Journal of Science* 3.152 (1883), pp. 81-85.

- Oreskes, Naomi, "The Scientific Consensus on Climate Change," *Science* 03 Vol. 306, Issue 5702 (Dec 2004), 1686.

- Osborn, Henry Fairfield, "Article XIV.- TYRANNOSAURUS AND OTHER CRETACEOUS CARNIVOROUS DINOSAURS", Bulletin American Museum of Natural History. Vol. XXI (1905), pp. 259-265.
- Priestly, Joseph, "An account of further discoveries in air," *Royal Society of London Philosophical Transactions* 65 (1775), pp. 384-394.
- Sabra, A.I., "The Appropriation and Subsequent Naturalization of Greek Science in Medieval Islam : A Preliminary Statement", *History of Science* 25 (1987), pp. 223-243.
- Sarton, George, "Moseley : The Numbering of the Elements," *Isis*, Vol. 9, No. 1 (Feb. 1927), pp. 96-111.
- Terral, Mary, "Salon, Academy, and Boudoir : Generation and Desire in Maupertuis's Science of Life", Isis, Vol. 87, No. 2 (1996), pp. 217-229.

인터넷 사이트

구텐베르크 프로젝트, 기후 변화 홍보 포털, 기후 변화에 관한 정부 간 협의체, 《네이처》, 대한민국 정책 브리핑, 동아사이언스, NASA, 브리태니커 백과사전, 환경운동연합, 천문우주지식정보, 《포항공대신문》, 한국민족문화대백과사전, 한국항공우주연구원, 환경부 온실가스종합정보센터, 환경부 환경통계 포털 사이트

강연

카오스 강연 〈도대체 시간이란 무엇인가?〉

주

1 홍성욱, 《과학고전선집》(서울대학교 출판부, 2013), pp. 82-94.

2 오철우 지음, 《갈릴레오의 두 우주 체계에 관한 대화》(사계절, 2009), p. 153.

3 위의 책, p. 161.

4 '신비한 유체'에 대해서는 〈건전지는 언제 처음 만들어졌을까〉 참조.

5 돌턴에 대해서는 〈과학자들은 눈으로 볼 수 없는 원자의 생김새를 어떻게 알아냈을까〉 참조.

6 로버트 헉슬리, 《위대한 박물학자》, 곽명단 옮김(21세기북스, 2009), pp. 118-123.

이미지 출처

※ 본문에 쓰인 대부분 사진과 그림은 위키미디어 커먼즈, 픽사베이, 셔터스톡에서 가져왔습니다. 다음 사진만 저작권을 표기합니다.

- 대한화학회: 165쪽
- NASA: 303쪽
- 기후 변화 행동 연구소: 326쪽

이외에 저작권 있는 사진이 쓰였다면, 저작권자가 확인되는 대로 허락을 받고, 저작권료를 지불하겠습니다.

빅 퀘스천 과학사

초판 1쇄 발행 2024년 4월 15일

지은이 | 원정현
펴낸곳 | (주)태학사
등록 | 제406-2020-000008호
주소 | 경기도 파주시 광인사길 217
전화 | 031-955-7580
전송 | 031-955-0910
전자우편 | thspub@daum.net
홈페이지 | www.thaehaksa.com

편집 | 조윤형 여미숙 김태훈
마케팅 | 김일신
경영지원 | 김영지

값 18,500원
ISBN 979-11-6810-249-1 03400

도서출판 날은 (주)태학사의 인문·에세이 브랜드입니다.

편집 김태훈, 여미숙
디자인 이유나